Markus Bötefür

# Welse – Giganten unserer Gewässer

## Der Waller gestern, heute, morgen

Leopold Stocker Verlag
Graz – Stuttgart

Umschlaggestaltung: DSR Werbeagentur Rypka GmbH, 8143 Dobl/Graz, www.rypka.at
Titelbilder: Vorderseite iStock.com/abadonian; Rückseite: iStock.com/sam_eder (ganz oben), Markus Bötefür (Bild 1 und 3), Cezary Felix Rybczynski (Bild 2), Max Konze (Bild 4), iStock.com/ForsterForest (Bild 5), iStock.com/abadonian (Rücken).
Bildnachweis: Den Bildnachweis finden Sie beim jeweiligen Bild.

Bibliographische Information der Deutschen Nationalbibliothek
Die Deutsche Nationalbibliothek verzeichnet diese Publikation in der Deutschen Nationalbibliographie; detaillierte bibliographische Daten sind im Internet über http://dnb.d-nb.de abrufbar.



Hinweis:
Dieses Buch wurde auf chlorfrei gebleichtem Papier gedruckt. Die zum Schutz vor Verschmutzung verwendete Einschweißfolie ist aus Polyethylen chlor- und schwefelfrei hergestellt. Diese umweltfreundliche Folie verhält sich grundwasserneutral, ist voll recyclingfähig und verbrennt in Müllverbrennungsanlagen völlig ungiftig.

Auf Wunsch senden wir Ihnen gerne kostenlos unser Verlagsverzeichnis zu:
Leopold Stocker Verlag GmbH
Hofgasse 5/Postfach 438
A-8011 Graz
Tel.: +43 (0)316/82 16 36
Fax: +43 (0)316/83 56 12
E-Mail: stocker-verlag@stocker-verlag.com
www.stocker-verlag.com

ISBN 978-3-7020-2329-4

Layout und Repro: DSR Werbeagentur Rypka GmbH, 8143 Dobl/Graz

# INHALT

© Markus Bötefür

*Nun wirst du mächtiger Wels auch von mir gepriesen. Du Wasserwesen, dessen Rücken mit attischem Öl gesalbt. Du Delfin des Flusses, den du durchschwimmst mit deinem massigen und wuchtigen Körper. Du zahmer Walfisch unserer Mosel.*

Decimius Ausonius,
römischer Dichter (um 370 n. Chr.)

# EINLEITUNG

Die meisten Menschen lassen Fische kalt. Geht es aber um den Waller, so erhitzen sich die Gemüter rasch. Als nachtaktiver und sagenumwobener Raubfisch polarisiert er seit Jahrhunderten. Dies ist nicht erstaunlich, denn die Ausmaße erwachsener Exemplare bieten mit Längen von über drei Metern gewaltige Projektionsflächen für allerlei Mythen, Fantasien und Ängste. Während Riesenwaller Badegäste das Fürchten lehren, erfüllen sie immer mehr Petrijüngern den langgehegten Wunsch vom gefangenen Traumfisch. Dazu muss kein Angler mehr in die Ferne schweifen. Welse schwimmen längst nicht mehr allein in der legendären blauen Donau und ihren Nebenflüssen, sondern sind längst in fast jedem unserer Flüsse, Seen, Teiche und Kanäle zuhause.

Waren ihre gelegentlichen Sichtungen und Fänge früher viel bestaunte Ausnahmen, so haben sie zum Millennium ihre Jagdgründe in den Tiefen verlassen und sind ans Licht der Öffentlichkeit geschwommen, wo sie immer häufiger als angeblich Schwäne und Hunde verschlingende Ungeheuer in den sommerlöchrigen Schlagzeilen der Boulevardpresse auftauchen und für Schrecken sorgen.

War der Wels vor drei Jahrzehnten noch ein Unbekannter, so ist er heute in aller Munde, denn täglich werden immer mehr und immer größere Waller gefangen. Anders als in Deutschland und Österreich, wo Fischer und Forscher ihre Zahl nur schätzen können, haben die akkuraten Schweizer belegbare Werte erhoben. Laut dem Eidgenössischen Bundesamt für Statistik wurden im Jahre 2023 dort 7.667 Welse gefangen, 15-mal mehr als noch 2003. Der Waller ist somit europaweit im unaufhaltsamen Kommen.

Auf den folgenden Seiten lade ich Sie ein, diesen faszinierenden Fisch in all seinen Facetten näher kennenzulernen und vor allem die Furcht vor ihm abzulegen.

# DAS MYSTISCHE WESEN

Er brachte 53 Pfund auf die Waage, maß 1,53 Meter und ging Heinz Caspar Schneider, einem Angelfreund meines Vaters, zwei Jahre vor meiner Geburt an den Haken. An einem heißen Freitag im August 1963 forderte dieser Gigant das ganze anglerische Können seines Fängers, gab sich erst nach erbittertem Kampf geschlagen und wurde am nächsten Tag von Schulkindern und ihren Lehrern bestaunt. Selbstverständlich fotografierte man ihn ausgiebig und ebenso selbstverständlich landeten einige der Bilder auf den Titelseiten der örtlichen Presse. Am Ende des Jahres stand er auf Platz drei der von der Zeitschrift Fisch und Fang geführten Rekordfisch-Liste für Deutschland,

© iStock.com/Tramper2

Dank dieser feinen Tastorgane kann der Wels sich auch in sehr trübem und schlammigem Wasser orientieren und zielsicher seine Nahrung finden. Im Vergleich zu anderen Raubfischen sind die Augen des Wallers hingegen geradezu winzig, was ihn als nachtaktiven Jäger und Sammler ausweist. Bloch schreibt darüber:

*Seine Augen sind zu klein, als daß der phosphorescierende Glanz, welcher bei den Augen sehr vieler Thiere wahrgenommen wird, die ankommenden abschrecken könnte.*[3]

Moderne Biologen haben herausgefunden, dass seine Augen zudem nicht sehr leistungsstark sind und ein Waller wohl nur Hell und Dunkel zu unterscheiden vermag. Sein Maul ist unterständig und kann sich zu einer gewaltigen Größe öffnen.

Nicht allein seine winzigen Augen, langen Barteln und das große Maul machen den wuchtigen Wallerschädel zu einem Charakterkopf; auch die scharfen, kurzen sowie hechelförmigen Zähne an beiden Kiefern sind für einen Raubfisch seiner Größe außergewöhnlich klein, schauen – anders als die von Hechten und Zandern – auf den ersten Blick beinahe harmlos aus und sind in der europäischen Fischfauna nur mit denen der Aale, Barsche und einiger Salmoniden (Forelle, Huchen, Lachs, Saibling) vergleichbar. Seiner langgestreckten und bei kleineren Exemplaren an einen Aal erinnernden Körperform sind auch seine Flossen angepasst, von denen die Rückenflosse so klein ist, dass sie für ein rudimentäres Organ gehalten werden könnte. Im Gegensatz zu dieser kleinen Flosse ist die lange und kräftige Schwanzflosse stark ausgebildet und lässt die Kraft und Vitalität des Wallers erahnen.

Zu diesen ins Auge springenden Merkmalen gesellen sich noch eine Reihe anderer und ganz individueller Erkennungszeichen. Bloch schreibt weiter:

*Der Wels ist ein sehr träger Fisch, und schwimmt mit seinen kleinen Flossen und dickem Körper nur sehr langsam, und ist das unter den Fischen, was das Faultier unter den vierfüßigen Thieren ist. Er lebt vom Raube, gehet aber nicht wie andere Räuber auf seine Beute aus, sondern lauert in Löchern, als in einem Hinterhalt, wie der Armeisenlöwe auf die Fliegen, den vorbeieilenden Fischen auf. Gewöhnlich sucht er zu seiner Ruhestatt versunkene Kähne, abgefaulte Pfähle, schwimmende oder hangende Wiesen (Foen). Er würde bei seiner ihm eigenen Trägheit sehr leicht in Gefahr kommen, zu verhungern, wenn nicht der Schöpfer auf eine andere Art für ihn gesorgt hätte. Der Bau seines Körpers ist so eingerichtet, daß sich andere Thiere demselben, ohne etwas Uebles zu ahnen, nahen. Sein Körper, welcher wegen seiner dunklen Farbe von dem Schlamme worin er liegt, kaum zu unterscheiden ist, hat keine glänzenden Schuppen, welche seine Gegenwart verriethen.*[4]

Diese Ausführungen lassen sich durch die entschiedenste Besonderheit ergänzen, dass er als einziger einheimischer Süßwasserfisch überhaupt keine Schuppen hat. Statt eines Schuppenkleides ist er von einer dicken, fast lederartigen Haut umspannt. Sein Rücken ist in der Regel schwarz bis dunkelbraun, die Flanken schwarz-weiß marmoriert.

---

[3] Marcus Bloch: Oekonomische Naturgeschichte der Fische Deutschlands. Erster Theil, Berlin 1782, S. 312.
[4] Marcus Bloch: Oekonomische Naturgeschichte der Fische Deutschlands. Erster Theil, Berlin 1782, S. 245.

## DER FEINSINNIGE GENIESSER

Marcus Blochs Erkenntnis über die Funktion der Barteln war Ende des 18. Jahrhunderts revolutionär, denn sie beruhte allein auf Beobachtungen und den daraus gezogenen Schlüssen. Anders als andere Fischkundler vor ihm gab er sich nicht mit Vermutungen zufrieden, sondern zog vom Erscheinungsbild und den Lebensgewohnheiten fast immer richtige Schlüsse auf die Funktion von Organen, Extremitäten und arttypischen optischen Merkmalen. Dass er in einem Zeitalter ohne nennenswerte technische Analysegeräte die Rolle der Barteln nicht umfänglich zu erläutern wusste, versteht sich von selbst, denn nicht einmal mit modernen Apparaturen ist es bisher gelungen, deren Leistungsfähigkeit gänzlich zu erforschen. Anders als Bloch, dem es nicht möglich war, sein Studienobjekt bei Dunkelheit zu beobachten, leuchtet heute auch ichthyologischen Laien ein, dass wir es beim Waller, wie auch bei den meisten seiner weltweit rund 4.000 mehr oder weniger engen Verwandten, mit einem echten Nachtjäger zu tun haben. Die Barteln sind Teil eines komplexen, multisensorischen Nervensystems, das es dem Wels erlaubt, seine Umgebung lückenlos zu erfassen und zu untersuchen. Dabei dienen sie nicht allein als Fühler zum Abtasten des Gewässergrundes, sondern auch als Antennen zur Analyse des ihn umgebenden Wassers. Der Waller kann mit seinen sechs Bartfäden gleichzeitig tasten, riechen und schmecken. Neben Augen, Nase und Zunge erweitern die Barteln die sensorischen Leistungen, die er mittels seines Kopfes zu erbringen im Stande ist und die ihm eine Orientierung ermöglichen, die für Menschen jenseits ihres Vorstellungsvermögens liegt.

Der Wels ist mit feinsten Sinnesorganen ausgestattet, von denen einige noch nicht ausreichend erforscht sind.
© iStock.com/farbenrausch

Zu diesen „Kopffähigkeiten“ gesellt sich das leistungsstarke und entlang seiner Flanken verlaufende Seitenlinienorgan sowie die mit empfindlichen Nervenzellen ausgestattete Haut. Auch die Barteln sind mit einer besonders sensitiven Haut umspannt, die es erlaubt, Bewegungen in der Wassersäule wahrzunehmen und deren Ursprung zielgenau zu orten. Wenn der Wels ruht, sind die Bartfäden ständig in Bewegung und tasten den Grund bzw. die Wassersäule ab. Gleichzeitig kann der Fisch dabei chemische und mechanische Reize wahrnehmen, denn seine Barteln sind auch mit Geschmackssensoren ausgestattet, die ähnlich wie die Zunge arbeiten. Der Wels kann so im Wasser gelöste und von seiner Nahrung ausgehende chemische Substanzen (Aminosäuren und Proteine) schmecken und ihren Ursprung orten. Die Barteln und die sie umspannende Haut können dabei gleichzeitig auch Temperaturschwankungen sowie die von Organismen ausgehenden Schwingungen im Wasser erkennen, sodass sich ein Beutefischchen allein durch seinen Geruch und seine Bewegung verrät.

Diese ungeheure Effizienz beruht auf von spezifischen Hirnnerven gesteuerten neurologischen Verarbeitungsprozessen und Schaltkreisen, die bislang erst in ihren Grundlagen erforscht wurden. Ichthyologen halten es aber für sehr wahrscheinlich, dass der Waller auch in vollkommener Dunkelheit sein Futter mittels der Barteln schmecken kann und Fressbares von Nichtfressbarem sicher zu unterscheiden weiß.

Was neueste neurologische Forschungen zu bestätigen scheinen, ahnten Welsangler schon vor über einem halben Jahrhundert. Bereits in den 1960er-Jahren machte folgende Charakterisierung seiner kulinarischen Sinnesorgane die Runde:

*Der Wels kann Krebse mit dem Kinn und Muscheln mit dem Bauch schmecken, derweil genießt er Aromen von Fröschen und Schildkröten mit dem Schwanz. Es gibt an ihm kein Körperteil, mit dem er nicht gerade nach Futter sucht.*[5]

Würde dies auch nur ansatzweise zutreffen, so wäre er von Anglern bedeutend leichter zu fangen und es hätte sich im Laufe der Jahrhunderte gewiss kein Netz von Mythen und Legenden um ihn gewoben.

Auch sein ausgeprägter Geruchssinn hilft dem Waller, in den trübsten Fluten und in stockfinsterer Nacht zielsicher Futter zu finden und sich zu orientieren. Dass Waller (dies gilt auch für alle Fischarten) empfindliche Nasen brauchen, liegt an ihrer Umgebung, schließlich ist das Wasser unserer Flüsse und Seen viel mehr als $H_2O$. In ihm sind eine Unmenge chemischer Substanzen gelöst, die vom Waller nicht nur mittels seiner Geschmacksnerven im Maul, den Barteln und in der Haut erkannt werden, sondern auch über die Nase bzw. Riechgruben wahrgenommen werden. Welse können ihre Umwelt also im wahrsten Sinne des Wortes riechen und schmecken. So erkennen sie nicht nur ihre Nahrung anhand des Geruches, sondern können bei Dunkelheit auch Artgenossen, Futtertiere und Feinde unterscheiden. Auch wenn die Wallernase bei Weitem nicht so empfindlich ist wie die des Aals, dem solch fabelhafte Leistungen nachgesagt werden, dass man sich kaum

[5] Vgl. dazu die Bemerkungen in Alfred Niedereder: So fängt man Waller (Welse), Hamburg und Berlin, 1967, S. 15 ff.

traut, sie zu Papier zu bringen – z. B. dass er theoretisch ein aufgelöstes Stück Würfelzucker in der Wassermenge des Bodensees erschnüffeln könnte –, ist sie doch ein hochentwickeltes Organ. Im Vergleich zu anderen Fischen ist die Leistungsfähigkeit der Welsnase nämlich phänomenal und um einige Hunderttausend Mal feiner als die menschliche. Angler sollten dies stets im Hinterkopf behalten und ihre Köder nicht mit Fingern berühren, die sie zuvor mit Seife gewaschen haben, mit denen sie eine Zigarette gehalten oder den Benzinschlauch an der Tankstelle angefasst haben.

Wie alle an Land lebenden Wirbeltiere besitzen auch Fische Ohren, mit denen sie Schall wahrnehmen können. Allerdings sind Fischohren von außen nicht zu erkennen, weil ihnen „Außenohren" mit Muscheln ebenso fehlen wie Gehörgänge und Trommelfelle. Der Hörvorgang ist bei den Fischen ein völlig anderer als bei terrestrischen Wirbeltieren, bei denen Schalldruckschwankungen in der Luft Trommelfelle in Schwingungen versetzen und diese Schwingungen über Mittelohrknöchelchen an die Innenohrflüssigkeit weitergeleitet werden. Ein solcher Schallübertragungsweg ist bei Fischen nicht möglich, da sie dieselbe Dichte wie das Medium Wasser besitzen und daher mit den Schallschwingungen im Medium mitschwingen. Während der ganze Fisch mitschwingt, machen Teile seiner

Ohren diese Schwingungen verzögert mit, sodass er hören kann. Dies ermöglicht allen Fischarten tieffrequente Töne von einigen Hundert Hertz zu hören. Waller (wie übrigens auch Karpfen) verfügen mit dem Weberschen Apparat über eine „Erweiterung" ihres Ohres, die es ihnen erlaubt, höhere Frequenzen wahrzunehmen und somit über die mittels ihres Seitenlinienorgans wahrgenommenen tiefen Frequenzen zu hören. Der von dem deutschen Anatom Ernst Heinrich Weber (1795–1878) entdeckte und nach ihm benannte Apparat verbindet die Schwimmblase des Wallers mit dessen Innenohr durch eine Reihe von Knöchelchen und Sehnenverbindungen und funktioniert ähnlich wie die Gehörknöchelchen bei Säugetieren. Mittels dieses Weberschen Apparats kann der Waller zielgenau hören. Mit größter Wahrscheinlichkeit ist der Apparat auch wichtiger Bestandteil das „Gesamtsensoriums", mit dem er die Klopflaute des von Fischern geschlagenen Wallerholzes empfängt.

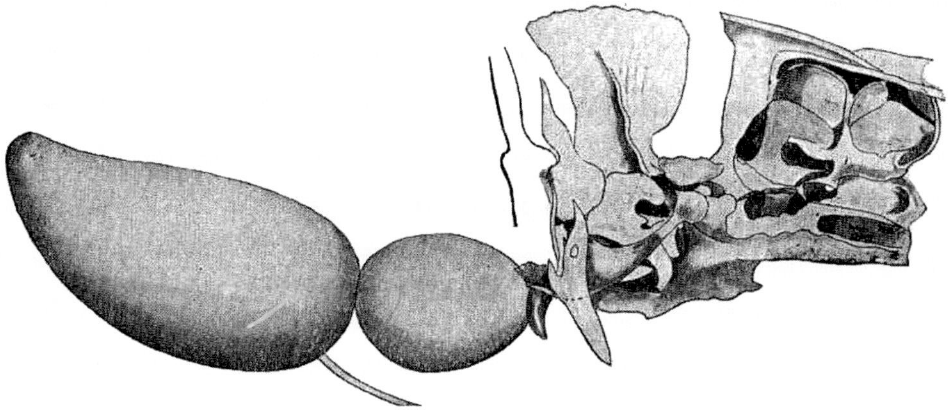

Der Webersche Apparat auf einer Darstellung aus dem Jahre 1907 © Gemeinfrei

# CONRAD GESSNERS WALLER

Kein anderes Buch hat zu Beginn der Neuzeit mehr Aufmerksamkeit auf die Fische Europas und deren Fang gelenkt als das 1558 erstmals erschienene *Fischbuch* des Schweizer Gelehrten Conrad Gessner (1516–1565). Er war der erste Wissenschaftler, der sich dem Wels mit einer für damalige Verhältnisse objektiven Neutralität näherte. Als das Werk als vierter Teil der mehrbändigen *Historia animalium* im Jahre 1558 zunächst in lateinischer Sprache und noch im selben Jahr auch auf Deutsch (*Vollkommenes Fisch-Buch*) erschienen war, hätte es wohl niemand für möglich gehalten, dass es

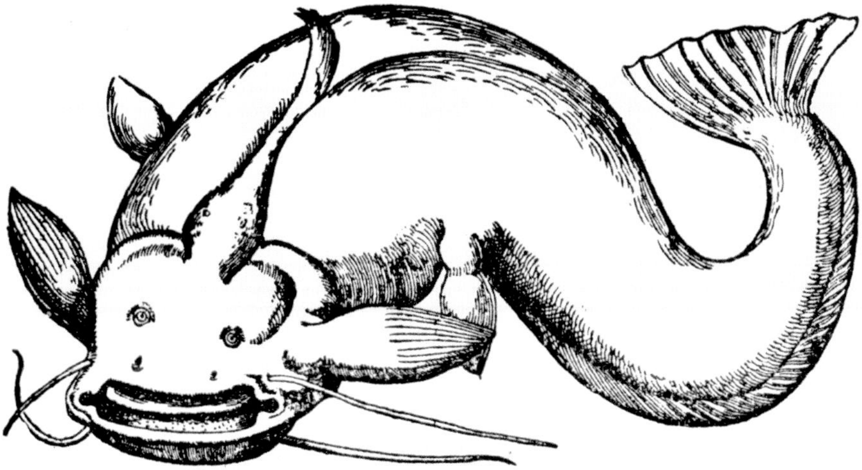

Der Waller, den Gessner offensichtlich selbst zu Gesicht bekommen hatte, wurde in seinem *Fisch-Buch* realistisch wiedergegeben. © Gemeinfrei

bis weit ins 18. Jahrhundert hinein zahlreiche Auflagen erleben würde und zu einem der bedeutendsten Klassiker der Fischliteratur überhaupt werden sollte.

Gessner hatte sich die gut 100 Jahre zuvor gemachte Erfindung des Buchdrucks zunutze gemacht, um als einer der ersten modernen Wissenschaftler eine umfassende Gesamtbetrachtung der Fauna zu Lande, zu Wasser und in der Luft zu publizieren und einer breiten Öffentlichkeit zugänglich zu machen. Allein konnte er dieses Mammutwerk freilich weder in Angriff nehmen noch vollenden; und so hatte er sich für den vierten Band der *Tiergeschichte* die Mithilfe zweier französischer Experten gesichert. Als wichtigste Quelle nutzte er die Arbeiten seines Zeitgenossen Guillaume Rondelet (1507–1556), der als einer der Väter dessen gilt, was man später Meeresbiologie nennen sollte. Rondelet zählte damals zu den hervorragendsten Kennern der mediterranen Fischwelt. Anhand des ichthyologischen Werks seines Kollegen Pierre Belon (1517–1564) erschloss Gessner den Lesern seines Fischbuches die Unterwasserwelt des östlichen Mittelmeeres sowie (Belon war ein weitgereister Naturkundler) die Fischfauna der Nilmündung, von wo man seit der Antike Sagenhaftes über Riesenwelse hörte und die man bis weit ins Mittelalter mit dem europäischen Waller verwechselte.

Gessners Werk ist eine für die damalige Zeit erstaunlich detaillierte und umfassende Fischkunde, in der neben den eigentlichen Protagonisten auch alle anderen damals bekannten Lebensformen vorgestellt und jeweils einzeln abgebildet wurden. Neben Muscheln, Krabben und Krebsen waren dies vor allem Wale, die im 16. Jahrhundert noch zu den Fischen gerechnet wurden und über deren Gefahr für die Schifffahrt haarsträubende Geschichten in Umlauf waren. Für Gessner zählten aber auch Meerjungfrauen und sprechende Karpfen zu den Bewohnern der Gewässer und wurden mit ähnlicher, freilich auf Hörensagen beruhender, wissenschaftlicher Akribie im *Fisch-Buch* vorgestellt.

Der Gelehrte, dem aufgrund seines recht bescheidenen Einkommens als Arzt eigene Fernreisen zu Studienzwecken verwehrt blieben, suchte zeit seines Lebens den Kontakt zu Menschen, die sich beruflich mit Tieren und Pflanzen befassten. Zur Erforschung der heimischen Fischfauna waren dies vor allem die Berufsfischer seiner Schweizer Heimat, deren Anglerlatein er jedoch mehr als einmal auf den Leim gegangen sein musste, denn nur so lassen sich seine schauerlichen Einlassungen zur Gier und Gefräßigkeit des Wallers erklären:

*Ist lange Zeit bei allen Gelehrten unbekanndt gewesen, dass er allein in etlichen Seen und Flüssen des teutschen Landes gefangen wird. Ist ein sehr scheußlicher, großer, schädlicher Fisch, kann auch sieben oder acht Ellen lang werden und an die anderthalb Centner wiegen. Von der Gestalt dieses Thiers ist wohl anzunehmen, seine tyrannische, grimmige und gefräßige Art. Denn einstmals sollen in seinem Magen gefunden worden seyn ein Menschenkopf und eine rechte Hand mit zwey güldenen Ringen. Er fresset allerley, was er bekommen kann, Gänse, Enten, verschonet auch des Viehes nicht, so man es zur Weyd oder zur Tränke führet, verschonet auch des Menschen nicht, so er ihn bekommen kann.*[6]

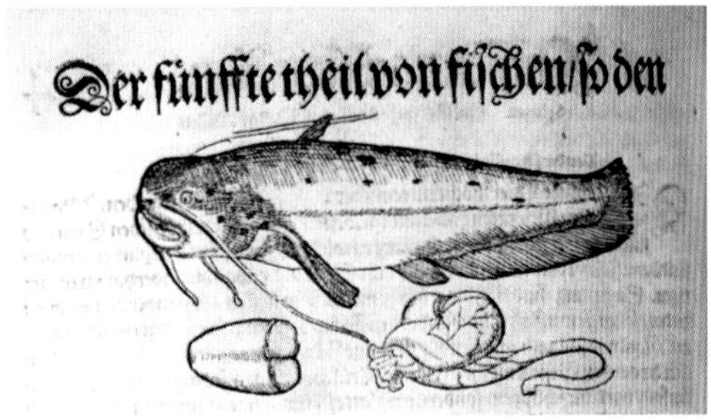


Im Fischbuch findet sich sogar eine Abbildung der inneren Organe des Wallers. Sie zeigt die Akkuratesse, mit der Gessner gearbeitet hat. © Gemeinfrei

Es sind aber nicht allein solch reißerische Passagen, die das Buch bis heute immer wieder in der wissenschaftlichen Literatur auftauchen lassen. Gessner nahm sich des Wallers auch aus physiognomischer Perspektive an und versuchte das Geheimnis seiner sechs Barteln, die er Knebel nennt, zu ergründen.

*Zu dem Fang und Jagen braucht er seine obern und undern Knebeln, mit welchen er umwickelt, faßt und zu dem Maule treibt, was er mit dem Maul erfasst, zieht er alles zu Grund, frißt allerley Fisch so er bey nechst bekommen mag.*[7]

Solche, auf Beobachtung resultierenden Vermutungen machen seine Studien außergewöhnlich; namentlich in einer Zeit, in der Tieren als beseelten Wesen gute und schlechte Charaktereigenschaften zugesprochen wurden und Welse entsprechend ihrer geheimnisvollen Lebensweise als bösartige Wesen galten.

Trotz dieser bahnbrechenden Forschungen blieb Conrad Gessner ein Kind seiner im

[6] Conrad Gessner: Fisch-Buch, Zürich, 1575, unpaginiert.

[7] Conrad Gessner: Fisch-Buch, Zürich, 1575, unpaginiert.

Auß vorgenden gschichtē vñ mancherley gstalten der Wallfischē/ ist wol zu mer-
cken/ dz die wunderbarliche beschreybung etlicher Meerthieren/ so sich obenauff
den menschen vergleychend/ vnden auß einē fisch/ nit gentzlich ein erdichte fabel
ist. Auß sölchen scheützlichen gestalten ist auch gegenwirtiger Meerteüfel/ welcher zů
Andtorff sol abconterfetet seyn wordē auß Norwegia zů den Niderlendern gebracht/
welcher sich garnach dē vergleycht so zů Rom auff das 23. jar gefangen/ allein dz das
selbig keine hörner hat.
Vnder

Gessner schrieb mit derselben wissenschaftlichen Genauigkeit und Akribie. Dies galt sowohl für Waller wie auch für Meerjungfrauen.


Wunder- und Aberglauben verhafteten Epoche. Auch wenn er in seinem Zürcher Studierzimmer Fische sezierte und sie einer eingehenden Betrachtung unterzog, konnte er sich nicht von alten und ihm wohl auch von Fischern zugetragenen Mythen befreien, denn nachtaktive und in den Tiefen der Gewässer lebende Kreaturen üben von je her auf die Fantasie der Menschen eine viel zu große Faszination aus, um solch schaurig-schöne Märchen zugunsten nüchterner Beobachtungen über Bord zu werfen. Hinzu kam, dass nicht nur Gelehrte vom Schlage Gessners die recht junge Erfindung des Buchdrucks für ihre Arbeiten nutzten, sondern sich im 16. Jahrhundert auch eine reiche Flugblattbranche entwickelt hatte, die eine zunehmend alphabetisierte Bevölkerung mit schauerlichen Nachrichten über Werwölfe, Vampire und eben auch menschenfressende Waller unterhielt. Und so dürfte Gessner wohl auch über jenen Waller gelesen haben, der angeblich in den 1550er-Jahren einen in der Donau badenden Knaben verschlungen haben sollte. Die Übertreibungen in seiner Wallercharakterisierung lassen aber auch erkennen, dass ihm wohl nur ein kleiner Waller als Untersuchungsobjekt zur Verfügung gestanden hat, denn angesichts des im Verhältnis zur Gesamtgröße relativ engen Wallerschlundes sind Berichte über Pferde und Menschen verschlingende Welse völlig absurd und hätten ihn nachdenklich stimmen müssen.

# VERANTWORTUNGSVOLLE VÄTER

Ob es im Sommer 1973 ein von Aquarianern in den Neusiedlersee geschmuggelter Katzenwels oder ein nur knapp handlanger Jungwaller war, der sich auf mein Senknetz im Bootshafen von Mörbisch verirrt hatte, weiß ich heute nicht mehr und hätte es auch damals nicht bestimmen können, denn als siebenjähriger Bube hatten es mir die bunten Sonnenbarsche weit mehr angetan als alle anderen Fischarten dieses herrlichen Gewässers. Heute weiß ich, dass es seit jeher einen natürlichen, wenn auch überschaubaren Wallerbestand im größten Steppensee Europas gab und es sich bei meinem Hebenetzfang wohl um eines der kleinsten, jemals dort gefangenen Exemplare gehandelt haben dürfte. Hätte man den winzigen Fisch in ein Aquarium

Pro Kilogramm Körpergewicht können Wallerrogner bis zu 30.000 Eier ablegen. © Max Konze

umgesiedelt, so wäre er recht schnell zu einer stattlichen Größe herangewachsen, denn Waller zählen zu den Fischen, deren Längenwachstum rasant ist und die in ihrer Jugend rasch und oft ihr Gewicht binnen Jahresfrist verdoppeln können. Ihr Leben starten sie jedoch als Winzlinge.

Die Laichzeit des Wallers fällt in die Monate von Mai bis Juni, wobei er sich freilich nicht am Jahreslauf orientiert, sondern auf das Ansteigen der Wassertemperaturen wartet, die mindestens 18, besser 19 oder gar 20 Grad Celsius betragen müssen. Für sein Laichgeschäft sucht sich der Waller einen einzelnen Partner und verrichtet es, anders als beispielsweise der Hecht, nicht über mehrere Tage und in Etappen, sondern in einem Mal. Für das Laichgeschäft finden die Paare sich in flachen, warmen und im Idealfall von vielen Wasserpflanzen besiedelten Gewässerregionen ein. Die hellgelben, klebrigen Eier werden in einem einfachen, aus Pflanzenresten zusammengetragenen Nest am Grund abgelegt und haften an dessen Boden und Wandungen. Pro Kilogramm Körpergewicht sind es beim Welsrogner (Weibchen) rund 20.000 bis 30.000 Eier, die einen Durchmesser von etwa drei Millimetern aufweisen. Nach der Befruchtung durch den Milchner (Männchen) verlässt der Welsrogner den Laichplatz und überlässt dem Milchner die Fürsorge über das Gelege. Je nach Wassertemperatur dauert die Entwicklung der Eier drei bis zehn Tage.

Der Milchner bewacht die Brut bis zum Ausschlüpfen der Larven mit großer Aggressivität, kann dabei aber nicht verhindern, dass nur ein Bruchteil der abgelegten

Eier sich zu ausgewachsenen Wallern entwickelt, denn die Nester werden von geschickten und häufig in Massen angreifenden und mancherorts zur Plage gewordenen Grundeln belauert, mitunter aber auch von Spitzkopfaalen heimgesucht. Allerdings kommt der mit dem zunehmend spürbaren Klimawandel einhergehende Anstieg der Wassertemperaturen den Wallerbeständen heute sehr entgegen, denn durch die raschere Entwicklung der Eier zur Larve haben Laichdiebe mittlerweile bedeutend weniger Zeit als noch vor der Jahrtausendwende, als die Wallerlaichzeiten mitunter so spät in den Sommer fielen, dass die Brut nicht nur von Eierdieben (damals meist Spitzkopfaale) bedroht wurde, sondern auch aufgrund von Sauerstoffmangel durch zu raschen Temperaturanstieg zugrunde ging.

Die etwa sieben Millimeter langen und kaulquappenähnlichen Larven besitzen einen großen Dottersack. Die ersten Lebenstage hängen sie mit ihren Haftorganen beinahe unbeweglich an den Wandungen des Nests und beginnen nach Aufzehrung des Dottersacks damit, Jagd auf Kleinstlebewesen (Zooplankton) zu machen. Bei ausreichender Nahrung sind die kleinen Waller äußerst schnellwüchsig. Schon nach vier Wochen sind sie vier Zentimeter lang und optisch als Welse identifizierbar.

Am Ende des ersten Sommers kann ein junger Waller bereits 20 Zentimeter lang und rund 300 Gramm schwer sein. Er ernährt sich dann von der Brut anderer Fischarten. Die Milchner, die etwas schneller wachsen als die Rogner, werden im zweiten bis dritten Lebensjahr bei einem Gewicht von zwei bis drei Kilogramm und einer Länge von 50 bis 70 Zentimetern geschlechtsreif, die Rogner erst nach drei bis vier Jahren, wenn sie dieselben Maße erreicht haben.

In seinem 1886 erschienenen Handbuch der Fischzucht und Fischerei fasst der Fischzuchtexperte und Nestor des modernen Angelsports in Deutschland Max von dem Borne seine Beobachtungen über das rasante Wachstum junger Waller recht knapp zusammen:

*Zu Berneuchen laichte der Wels in einem Karpfen-Abwachsteiche, der zum Teil torfigen und schlammigen, zum Teil sandigen Grund hat, zum wiederholten Male. Zu Wittingau wurden 1 Pfd. schwere Welse in einen Karpfenteich gesetzt, sie erreichten in vier Jahren ein Gewicht von 14 Pfd.*[8]

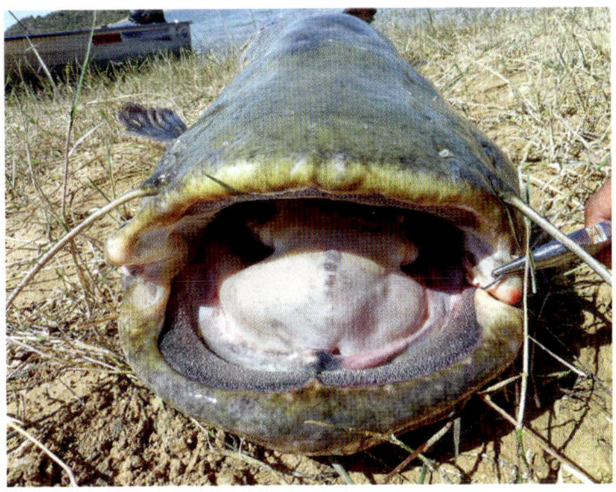

Mit seinem gewaltigen Maul ist der Wallermilchner zwar sehr wehrhaft, gegen kleine Nesträuber aber oft chancenlos. © Cezary Felix Rybczynski

[8] Max von dem Borne: Handbuch der Fischzucht und Fischerei, Berlin 1886, S. 273.

# EIN FISCH MIT VIELEN NAMEN

Die Namen Wels, Waller, Weller, Wölz, Walinen klingen nicht nur verwandt, sondern gründen im germanischen Wort *Hwalis* für Wal (Walfisch), was angesichts der enormen Größe, zu der er heranwachsen kann, alles andere als erstaunlich ist. Die Gebrüder Grimm gingen bei der Abfassung ihres Wörterbuches in der ersten Hälfte des 19. Jahrhunderts davon aus, dass der Wels als größter einheimischer Süßwasserfisch von den Germanen mit dem Wal verglichen wurde. Sprachhistorisch ist diese Erklärung sinnvoll, denn für gewöhnlich wurden kleinere Tiere nach größeren benannt und nicht umgekehrt. Schon im 16. Jahrhundert schrieb der Schweizer Naturforscher Conrad Gessner (1516–1565):

*Diß scheußliche Thier könnte wegen seiner Gestalt ein teutscher Walfisch genennet werden.*[9]

Seine vielen lokalen und mundartlichen Bezeichnungen deuten auf ein weites Verbreitungsgebiet hin, täuschen aber darüber hinweg, dass er bei uns bis vor wenigen Jahrzehnten ein Fisch des Südens war und von vielen Menschen deswegen Donauwaller genannt wurde. Die wenigen Gewässer, in denen er Petrijüngern vor einem halben Jahrhundert mit relativer Regelmäßigkeit an die Haken ging (und heute noch geht), sind rasch genannt und beschränkten sich in Österreich auf das Donaugebiet sowie einige der Kärntner Seen, von denen vor allem der Ossiacher See als Wallerhochburg gilt. In Deutschland waren die Nebenflüsse der Donau (hauptsächlich Naab und Regen) sowie einige Seen des Bodenseeraums von je her für ihre guten Welsbestände bekannt; und in der Schweiz gilt neben dem Murtensee auch der Bielersee schon lange als Waller-Eldorado. Baron Hermann von Ehrenkreutz umgrenzte des Verbreitungsgebiet des Wallers in seinem 1847 erstmals erschienenen Werk *Das Ganze der Angelfischerei* wie folgt:

*Unstreitig der größte Flußfisch in den deutschen Gewässern, doch bei uns im Rheine nicht einheimisch. Er wird nicht selten 200 Pfund schwer und in der Weichsel findet man noch schwerere, die oft 11 Fuß lang sind. In der Elbe, der Oder, der Donau und*

[9] Conrad Gessner: Fisch-Buch, Zürich, 1575, unpaginiert.

Schon Ende des 19. Jahrhunderts fingen Angler in den Kärntner Seen stattliche Waller, wie dieses Exemplar, das um 1890 an den Haken ging.
© Wikimedia Commons, rechtefrei

*auch wohl noch andern Strömen ist er anzutreffen. Im Federnsee bei Buchau im Würtembergischen giebt es auch Welse, aber nur bis zu 100 Pfund Schwere. Ebenso soll er auch im Murtensee in der Schweiz und auch im Bodensee nicht selten vorkommen; in der deutschen Schweiz, so wie in Frankreich soll er sich nicht vorfinden.*[10]

Natürlich wurden Welse auch in anderen Gewässern gefangen, doch stellte jede dieser Begegnungen etwas Außergewöhnliches dar und wurde in Anglerkreisen entsprechend gewürdigt, wie etwa die gleichzeitigen Fänge zweier Fische von 64 und 36 Pfund, die Mitte der 1970er-Jahre von einem Berufsfischer im schleswig-holsteinischen Ratzeburger See erbeutet wurden. Die erste Auflage von *Brehms Thierleben* umreißt das Verbreitungsgebiet des Wallers 1879 wie folgt:

*Von Südschweden an verbreitet sich der Wels über das ganze mittlere und östliche Europa, auch einen Theil von Westasien, fehlt jedoch hier und da, so beispielsweise im Rhein- und Wesergebiete, fast gänzlich, kommt ebensowenig in Frankreich, Spanien, Portugal und Italien vor und soll in Großbritannien nur ein einziges Mal erbeutet worden sein. Besonders häufig ist er in der unteren Donau, tritt jedoch auch im oberen Laufe dieses Stromes, seinen Nebenflüssen und den mit diesen in Verbindung stehenden Seen auf, ebenso wie er, welcher im Rheine zu den seltensten Erscheinungen zählt, im Bodensee gefangen wird. Unsere Meere besucht er erwiesenermaßen nicht, meidet sogar die schwachsalzigen Haffe der Ostsee, wogegen er dem Schwarzen und Kaspischen Meere nicht fehlt, hier wie da sogar einen wichtigen Gegenstand der Fischerei bildet.*[11]

An Versuchen, das natürliche Verbreitungsgebiet zu erweitern, hat es in der Geschichte nicht gemangelt, denn als robuste Fische können es Waller recht lange unter für sie

[10] Hermann von Ehrenkreutz: Das Ganze der Angelfischerei, Quedlinburg und Leipzig, 1847, S. 172 f.
[11] Alfred Edmund Brehm: Brehms Thierleben, Bd. 8, Die Fische, Leipzig und Wien, 1892, S. 234.

ungemütlichen Umständen aushalten, sodass man sie bereits im Mittelalter über weitere Strecken lebend transportiert hat. Bei Alfred Brehm heißt es dazu:

*Wie die meisten Welse überhaupt hält auch der europäische ohne Schaden längere Zeit außerhalb des Wassers aus, läßt sich demgemäß leicht versenden und in Gewässern, denen er fehlt, einbürgern. Letzteres soll neuerdings wiederholt geschehen sein, indem man von Preußen aus Welse nach Frankreich versandte. In engerem Gewahrsame halten junge Welse, falls man sie nur ordentlich füttert, leidlich aus.*[12]

Offensichtlich waren gezielte Besatzmaßnahmen zur ständigen Ansiedlung von Welsen schon vor über 300 Jahren keine Seltenheit. In der 1692 gedruckten *Beschreibung des Zürich Sees* aus der Feder von Hans Erhard Escher steht über die dorthin verbrachten Welse, die er Schaidfische nennt, zu lesen:

*Vor etwas Zeit haben gewisse Herren von Zürich etliche dieser Gattung Fischen aus dem Schwabenlande beschicket, und in diesen See gethan, welche aber alle widerum gefangen worden.*[13]

Die in Anglerkreisen mit gemischten Gefühlen betrachtete Tatsache, dass der Wels heute fast nirgendwo mehr ein seltener Fisch ist, überrascht nur Petrijünger und Taucher, die in den vergangen 20 Jahren mit ihren Hobbys begonnen haben, denn tatsächlich handelt es sich um einen schnellen Migranten und erfolgreichen Spätaussiedler.

Noch in den 1990er-Jahren waren Wallerfänge selten und selbst kleinere Fische wurden bestaunt.
© Cezary Felix Rybczynski

[12] Alfred Edmund Brehm: Brehms Thierleben, Bd. 8, Die Fische, Leipzig und Wien, 1892, S. 238.
[13] Hans Erhard Escher: Beschreibung des Zürich Sees, Zürich, 1692, S. 130.

# DIE KARRIERE EINES SPÄTAUSSIEDLERS

Zu Beginn der 1990er-Jahre begannen die ersten Waller, sich über die Europa durchziehenden Schifffahrtswege in zahlreiche Flüsse auszubreiten, in denen sie früher nie gesichtet wurden oder wo ihr Auftauchen eine Seltenheit war. Spätestens seit der Jahrtausendwende ist der Waller nicht mehr nur in seinem ursprünglichen Verbreitungsgebiet anzutreffen, sondern auch viel weiter nördlich. Vor allem in Flüssen wie dem Rhein, der Mosel und der Ruhr haben sich seine Bestände binnen zweier

Bis zu Beginn der 2000er-Jahre zog es viele Wallertouristen nach Spanien, Italien und Frankreich.
© Max Konze

Jahrzehnte so prächtig entwickelt, dass an einigen Abschnitten dieser Ströme sowohl das Mindestmaß wie auch die Schonzeiten für ihn aufgehoben worden sind und man Angler verpflichtet hat, jedes gefangene Exemplar zu entnehmen.

Dass der Waller den legendären Weißwurstäquator schon viele Jahre vor seinem urplötzlichen Auftreten in den genannten nördlichen Flüssen überschritten hatte, war den Lesern von Angelmagazinen seit den 1970er-Jahren bekannt. Trotzdem blieb er für die meisten Petrijünger aber ein klassischer Fisch des Südens. In Norddeutschland oder gar in den Niederlanden gefangene Exemplare waren eine Sensation, über die sogar in der Tagespresse berichtet wurde.

Aber nicht nur in den Gewässern außerhalb seines ursprünglichen Verbreitungsgebietes fand der Wels gute Lebens- und Vermehrungsbedingungen. Schon vor seiner Wanderung gen Norden tauchte er zu Beginn der 1990er-Jahre zunächst in den Stauseen des spanischen Rio Ebro und wenig später auch im italienischen Po sowie in der französischen Rhône auf, wo er von deutschen und österreichischen Angeltouristen nicht nur massenhaft, sondern auch in Gewichtsklassen jenseits der Zweizentnermarke gefangen wurde. Eifrige Besatzmaßnahmen ließen diese südeuropäischen Wallerreviere zu Zielen für den Angel-Massentourismus werden, der zu Beginn der 2000er-Jahre abzuflauen begann, weil die „Wallertouristen“ ihre Riesenfische dann auch in ihren heimischen Gefilden – vor allem in zahlreichen Seen Ostdeutschlands – fangen konnten, wo sie von Privatleuten und Mitgliedern von Welsangler-Klubs, oft entgegen gesetzlicher Bestimmungen, ausgesetzt worden waren, sich stark vermehrten und zu kapitalen Exemplaren heranwuchsen.

Aber nicht allein seine Wanderlust durch die von Menschenhand geschaffenen Kanäle

Kanäle sind heute die Hauptwanderrouten des Wallers. © Markus Bötefür

förderten die Ausbreitung des Welses in fast alle Gewässer Mitteleuropas, die warm und tief genug für seine Bedürfnisse sind. Auch der Klimawandel, der mit wärmeren Wassertemperaturen für eine schnellere Entwicklung des Wallerlaichs sorgt, trägt zu immer besseren Vermehrungsbedingungen bei. Weiters kommt dem Waller die vielerorts in Europa vollzogene Renaturierung von Flussabschnitten sehr entgegen. Selbst in den begradigten und rasch fließenden Strömen wie dem Rhein, der Elbe oder der Ruhr finden die Nachkommen der vor drei Jahrzehnten eingewanderten Fische heute Nischen für ihr Laichgeschäft, bei denen es sich nicht immer nur um unbegradigte Flussarme und seichte Nebenflüsschen handeln muss, sondern die durchaus auch vom Menschen geschaffene Gewässer sein können. So nutzen Waller beispielsweise am Niederrhein stillgelegte und von Wasserpflanzen besiedelte Becken des Duisburger Hafens zur Eiablage.

Die Grundel als invasive Fischart ist in vielen Gewässern Grundlage für die schnelle Ausbreitung des Wallers. © Markus Bötefür

Zu diesen klimatischen und hydrografischen Vorteilen gesellt sich seit einigen Jahrzehnten mit den aus Osteuropa eingewanderten vier Grundelarten eine schier unerschöpfliche Nahrungsquelle für den Waller und andere Raubfische. Obgleich diese von Anglern verfluchten, oft nur fingerlangen und invasiven Fischchen furchtbare Laichräuber sind, stellt ihre gewaltige Biomasse eine nichtendenwollende Nahrungsquelle dar, sodass Welse in von Grundeln heimgesuchten Gewässern innerhalb weniger Jahre zu den Bestandsraubfischen gerechnet werden konnten.

Ob dies alles den Anglern gefällt oder nicht, spielt heute keine Rolle mehr, denn überall dort, wo der Wels sich einmal etabliert hat, ist er nur noch schwer zu entfernen. Dies liegt nicht allein daran, dass die meisten Petrijünger ihre gefangenen Waller nach einem Foto gleich wieder zurücksetzen, sondern beruht in erster Linie auf seiner sehr hohen und erfolgreichen Reproduktionsrate. Pro Kilogramm Körpergewicht vermag ein Welsrogner 2.000 bis 2.500 Eier zu produzieren, bei sehr guten Bedingungen und einem idealen körperlichen Zustand können es sogar bis zu 30.000 sein. Dies ist zwar nur gut die Hälfte dessen, was ein Hechtrogner pro Kilogramm Körpergewicht zu produzieren vermag, doch werden Welse bedeutend größer und älter als Hechte, laichen in einer wesentlich günstigeren Jahreszeit und bewachen zudem ihr Nest gegen jedwede Angreifer mit äußerster Aggression, wie Badegäste im Frühjahr 2025 im bayrischen Brombachsee schmerzlich erfahren mussten, als sie von einem Wallermilchner angegriffen und gebissen wurden.

# WALLER IN DEN TIEFEN DER SOMMERLÖCHER

Pünktlich zum Sommerloch tauchte er seit den späten 1970er-Jahren immer wieder aus der Flut der Schlagzeilen auf, der riesige und gefräßige Waller, welcher je nach Laune der Chefredakteure mal im Schlossteich einen Dackel nach dem anderen verspeist oder im Baggersee Badegästen das Blut in den Adern gefrieren lässt. Im Sommer 2025 musste man aber nicht einmal bis zur Sonnenwende am 21. Juni warten, denn

© Cezary Felix Rybczynski

bereits am 19. erschien ein von der Pressestelle der Polizei verfasster Nachruf, in dem davon zu lesen war, dass Beamte drei Tage zuvor einen zwei Meter langen Waller im bayrischen Brombachsee erschossen hatten. Ob die Schüsse aus den Dienstpistolen den Fisch sofort getötet haben oder er erst nach seiner Bergung durch die Wasserwacht ein qualvolles Ende fand, wird – wenn überhaupt – wohl erst nach Erscheinen des vorliegenden Buches im Rahmen eines Gerichtsverfahrens geklärt werden können, denn die Tierschutzorganisation *Peta* stellte einen Strafantrag gegen die Beamten sowie die aus Anglern bestehende Wasserwacht. Dass ein sommerliches Wallermärchen im Kugelhagel der Polizei endete, ist in der langen Geschichte solcher Fischsichtungen zwar ein Novum, der Vorfall muss sich aber nicht hinter den Schauergeschichten

Das Monster aus dem Binnenmeer

Angst geht um am Zwischenahner Meer, — Angst vor einem 3,50 Meter langen Wels. Er narrt Angler, nimmt Boote ins Schlepp. Sein Appetit macht angeblich vor Hunden nicht halt. Bei der Wasserschutzpolizei ist seine gigantische Länge aktenkundig: 3,50 Meter. Eine Welsangler-Elite des In- und Auslandes pachtete inzwischen ins Ammerland, um den Fang des Jahrhunderts zu haken, — zum Segen des Fremdenverkehrs, der Bootsvermieter und der Massenmedien.

...er alle Versuche, den Riesenfisch an den Haken zu bekommen, waren bisher erfolglos. Auch der »todsichere Tip« eines ostpreußischen ...lers zeigte keinen Erfolg. ...by-Wels« machte um die ... Anraten eines masurischen Petrijüngers in der ...ruper Bucht an Plastik...en befestigten Köder einen großen Bogen. Dabei ... man gehofft, daß der ...

Wels-Phantom in Bad Zwischenahn beschäftigt die Gemüter der Angler

„Fangt Moby Dick – den Schrecken vom Zwischenahner Meer!“

Die Jagd auf „Moby-Wels“ eröffnet

Riesenwels von 3,50 m Länge?

Wels wieder gesichtet

Alle jagen „Moby Dick“

...sche Gemeinde bittet Angler um Hilfe – SONNTAG stiftet Fangprämie und Angler-Pokal!

Auch eine süddeutsche Firma, die den Wels mit einer neuen Elektro-Methode auf die Schuppen legen wollte, konnte keinen Erfolg vermelden, und auch die beim heimischen Angelsportverein ...

Sonntag« in einer zweiseitigen Story über den »Schrecken des Zwischenahner Meeres« berichtete und auch gleich eine Prämie von 5000 DM nebst Silberpokal für den Fang von „Moby ...

1979 machte ein angeblicher Riesenwaller im Zwischenahner Meer deutschlandweit Schlagzeilen.
© Markus Bötefür

vergangener Tage verstecken. Auch ohne Polizeieinsätze waren frühere Wallerbegegnungen stets eine Sensation und elektrisierten neben den Petrijüngern auch andere Menschen – vor allem aber Badegäste.

Schon die Chronisten, Historiker und Wissenschaftler des Mittelalters und der beginnenden Neuzeit verstanden es vortrefflich, über große Waller die abenteuerlichsten Geschichten in die Welt zu setzen. So war in den Schriften des italienischen Arztes und Naturkundlers Ulysses Aldrovandus (1522–1604) zu lesen,

*daß ein Wels einen Knaben, welcher sich bey Preßburg in der Donau gebadet, erwischet, ihn hinunter gezogen und gefressen* [hat]. *Wie nun dieser Wels auf Befehl des Erz-Bischoffs zu Gran, wenige Tage hernach gefangen und aufgeschnitten worden, hat man verschiedene Stücke von dem gefressenen Knaben in seinem Eingeweyde gefunden.*[14]

Wer es gründlich recherchiert und wissenschaftlich fundiert haben wollte, beschränkte sich nicht allein auf solche Schauergeschichten, sondern griff zu den Werken Conrad Gessners, der die Geschichten vom gefräßigen Waller nur zu gern kolportierte. Da sein *Fisch-Buch* bis an die Schwelle zum 19. Jahrhundert für viele Forscher als Standardwerk der Ichthyologie galt, ist es kein Wunder, dass sich auch berühmt-berüchtigte Angelbuchautoren des 19. Jahrhunderts bedenkenlos aus dem Fundus der von ihm aufgeschriebenen Geschichten bedienten und diese sogar noch schauerlicher auszumalen wussten. Als Großmeister dieser

[14] Hier zitiert nach Gottfried Jacob Wagner: Der vollkommene Fischer, Breslau, 1758, S. 153.

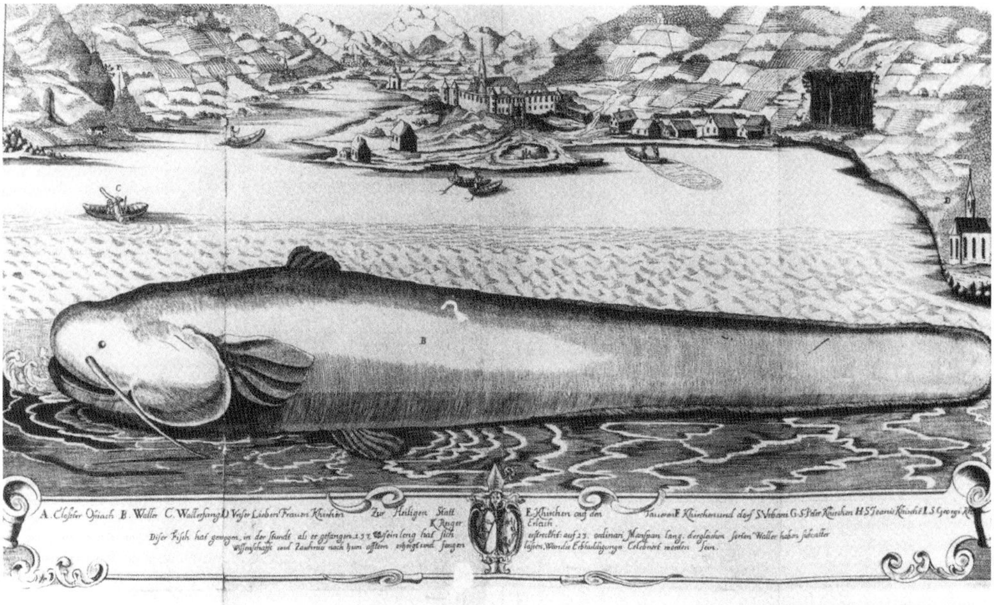

Flugblatt aus dem Jahre 1666 anlässlich des Fangs eines Wallers von 137 Pfund Gewicht und umgerechnet drei Metern Länge aus dem Ossiacher See. © Gemeinfrei

Form des Angeljournalismus darf Hermann von Ehrenkreutz gelten, der in seinem 1847 erstmals aufgelegten Angelbuchklassiker *Das Ganze der Angelfischerei und ihrer Geheimnisse* die Ernährungsgewohnheiten des Welses wie folgt beschrieb:

*Seine Nahrung besteht im Raube, und wegen seiner Größe ist er der schädlichste Raubfisch, denn er verschlingt sogar Enten und Gänse, und in der Weichsel ist es nicht selten vorgekommen, daß er nach Kälbern und Fohlen, wenn sie nach einem Werth im Strom überschwammen, griff und sie herabzog.*[15]

Man muss jedoch nicht bis ins 19. Jahrhundert zurückblicken, um auf Vermutungen und Spekulationen zu stoßen. Noch 1960 war es in der fischkundlichen Literatur nicht viel besser um den Ruf von Wallern bestellt. Der Zoologe Richard Gerlach bescheinigte dem Wels:

*Der Geist der dunklen Tiefe hat in diesem unförmigen Fisch Gestalt angenommen. Aas wittert er von weitem, und man hat in seinem Magen die Kadaver von Hunden, Katzen und Ziegenlämmern gefunden.*[16]

Mit dem Aufkommen der Fotografie wurde es für Lügenbarone immer schwieriger, ihre Sensationsgeschichten unter das Volk zu bringen. Gelang der Fang eines Großwallers, waren die Fotografen seit der zweiten Hälfte des 19. Jahrhunderts meist nicht fern. Viel Beschäftigung fanden Journalisten und

[15] Hermann von Ehrenkreutz: Das Ganze der Angelfischerei, Quedlinburg und Leipzig, 1847, S. 175.

[16] Richard Gerlach: Die Fische, Frankfurt a. M., 1960, S. 71.

Fotoreporter an den Ufern der Kärntner Seen, aus denen zahlreiche Wallerfänge gemeldet und in der Presse entsprechend gewürdigt wurden.

Jüngere Großwallerfänge, wie der eines 90-Pfünders in der Donau bei Wien 1978, elektrisierten die Menschen und erst recht die Petrijünger. Sie führten zu immer kurioseren Ködertipps. Mal empfahlen die selbsternannten Experten halb verfaulte Hühnerinnereien, dann waren es Stücke von Rindermilzen oder ganze Enten. Gemein war all diesen Geheimködern, dass sie am Grund angeboten werden mussten, denn wo anders als in den finsteren Tiefen sollten alles verschlingende Bestien zu suchen und zu fangen sein? Als im Frühjahr 1979 ein angeblich drei Meter langer Waller im Zwischenahner Meer gesichtet und auf den Namen *Moby Dick* getauft wurde, hielt er die Leser der Zeitung *Bild* fast die ganzen Sommerferien über in Atem. Für seinen (nicht geglückten) Fang waren die Köder und Montagen geradezu abenteuerlich und erinnerten mit ihren an Bojen ausgelegten Schweineinnereien an die wenige Jahre zuvor in den Kinos gezeigte und von Steven Spielberg inszenierte Jagd nach dem *Weißen Hai.*

Und auch der deutschlandweit berühmte Killerwels Kuno, der 2010 im Schlossweiher von Mönchengladbach für Angst und Schrecken sorgte, entpuppte sich als „nur“ anderthalb Meter langes Exemplar, dessen Mageninhalt man nach seinem Auffinden als „Treibgut“ bewusst nicht nach Schwänen und Dackeln untersuchte. Sein Ganzpräparat ist heute in der Wunder- und Raritätenkammer des Schlosses Rheyd zu bestaunen. Der im Brombachsee erschossene Sommerlochwels blieb bislang übrigens noch ungetauft.

# DIE MÄR VOM GIERSCHLUND

Dass Waller Menschen angreifen, kommt nur sehr selten vor und beruht fast immer in der dem Milchner angeborenen Aggression als Brutwächter. Will man von diesen Ausnahmen absehen, so beruhen die uralten und von Gessner kolportierten Legenden vom alles verschlingenden und attackierenden Waller vor allem darin, dass die Menschen lange so gut wie nichts über ihn wussten und sich wohl auch vor seinen für mitteleuropäische Verhältnisse ungeheuren körperlichen Ausmaßen fürchteten. Vor der

© Max Konze

massenhaften Ausbreitung des Wallers in Richtung Norden war deshalb auch die von Anglern vorgenommene Ansiedlung durch gezielten Besatz von bis dahin wallerlosen Gewässern (meist geschlossene Seen) hoch umstritten, denn der Wels galt als nimmersatter Weiß- und Edelfischvertilger, dem nachgesagt wurde, ganze Gewässer innerhalb kürzester Zeit leer zu fressen, wobei ihm eine sonderbare Vorliebe für Schleien unterstellt wurde.

Der Biologe Christian Proske nahm sich in den 1980er-Jahren mehrfach dieses Themas an und versuchte in einem Artikel für das Sonderheft *Wels* der Sportfischerzeitschrift *Blinker* die erhitzten Gemüter derjenigen zu beruhigen, die im Waller eine gefährliche Fressmaschine zu sehen glaubten. Bevor er als Wissenschaftler detaillierte und fundierte Angaben zur Gefräßigkeit des Welses machte, stellte er unter der den damaligen Zeitgeist trefflich gewählten Überschrift *Wer hat Angst vorm Schwarzen Wels*, die wohl von den meisten Lesern mit einem ehrlichen Nein zu beantwortende Frage:

*Wer hat schon in freier Wildbahn einen Wels gesehen oder gar an der Angel gehabt?*[17]

Aber auch Proske hatte seine Studienobjekte nicht in freier Wildbahn beobachten können. Wohl aber stand ihm ein Fischzuchtbetrieb zur Verfügung, in dessen Teichen die Welse ihre Nahrung freilich nicht selbst jagen mussten, sondern regelmäßig gefüttert wurden. Über seine Erfahrungen und Beobachtungen referierte er seinerzeit recht ernüchternde Zahlen, welche die angebliche Gefräßigkeit des Welses beinahe in den Appetit eines Asketen umkehrten. Im Artikel heißt es:

*Der Wels benötigt etwa 6 bis 8 Kilogramm Futtertiere für ein Kilogramm Zuwachs. Natürlich wächst dieser Fisch ziemlich schnell u. U. mehrere Kilogramm pro Jahr, so daß der Futterverbrauch eines Welses im besten Wachstumsalter 20 bis 30 Kilogramm jährlich betragen kann. Ein sehr großer Waller von 30 bis 40 Kilogramm benötigt im Jahr aber weniger Nahrung, da er in diesem Zeitraum nur noch langsam wächst und kaum an Gewicht zunimmt.* [18]

Diese wohl Ende der 1970er-Jahre gewonnenen Fakten erstaunen moderne Leser insofern, als dass heute in fast jedem Gewässer regelmäßig weitaus schwerere Waller erbeutet werden als die seinerzeit als sehr groß geltenden Fische von 30 oder 40 Kilogramm.

Und so stellt sich zwangsläufig die Frage nach dem Alter sowie der über Jahrzehnte vertilgten Futtermenge derjenigen Exemplare, die weit über 100 Kilogramm auf die Waage bringen, oder gar der Fische, wie der im Oktober 2025 in einem polnischen Stausee gefangene Riese, der bei einer Länge von 2,92 Metern schätzungsweise 130 Kilogramm wog. Erschwerend kommt bei diesen Überlegungen hinzu, dass Welse im Winter so gut wie keine Nahrung zu sich nehmen. Im Bericht von Christian Proske liest man weiter:

*Unterschreitet die Wassertemperatur 6–8 °C, so stellt er die Nahrungsaufnahme fast völlig ein. Die Winterruhe beginnt.*

[17] Blinker Sonderheft Wels, Hamburg, ohne Jahr, S. 159.
[18] Blinker Sonderheft Wels, Hamburg, ohne Jahr, S. 160.

*Erst im April werden wieder nennenswerte Futtermengen aufgenommen. Bis zur Laichzeit – etwa Anfang Juni – ist dann aber fast schon 1/3 seines Jahresbedarfs an Nahrung verbraucht.*[19]

Obgleich größere Welse ein furchteinflößendes Maul haben, scheinen sie kleine Futterfische zu bevorzugen. Bei seinen Experimenten hat der Biologe beobachten können, dass die von ihm gehaltenen Waller, die zwischen zehn und 15 Kilogramm wogen, am liebsten Karpfen von 50 und 200 Gramm fraßen, weil die größeren, 300 bis 400 Gramm schweren Fische ihnen zu oft entkamen. Da es in seinem Beitrag in erster Linie um den Waller als Besatzfisch ging, empfahl er solchen Angelvereinen, ihre Gewässer mit Wallern zu besetzen, die unter einem zu hohen Aufkommen von kleinen Weißfischen und Barschen zu leiden hatten; der Waller würde durch sein Fressverhalten (anders als der Hecht) für eine Bereinigung der Friedfisch- bzw. Barschbestände sorgen und sie vor dem Verbutten, also dem Zwergenwuchs einer ganzen Population, bewahren. Statt ein Gewässer leer zu fressen, spielt der Waller also eine wichtige ökologische Rolle, die vor allem in Seen und Baggerseen zum Tragen kommt.

Aufgrund seiner gewaltigen Größe wird der Appetit des Wallers von vielen Anglern und Badegästen weit überschätzt.
© Cezary Felix Rybczynski

[19] Blinker Sonderheft Wels, Hamburg, ohne Jahr, S. 160.

# ANGEKLOPFTE WALLER

Vor allem im Sommer lohnt sich das Klopfen. © Cezary Felix Rybczynski

Schon lange vor ihrem ersten Laut auf der Wasseroberfläche eines westeuropäischen Gewässers spukten Wallerhölzer als serbische Bucskalo und ungarische Kuttjer durch die Literatur. Gemein war diesen für die meisten deutschen Zungen unaussprechlichen Geräten, dass sie mysteriös blieben und die darüber schreibenden Autoren von Reiseberichten und Zeitschriftenartikeln nur wenig über ihre Funktion berichten konnten. Von Journalisten und Forschern wurden diese Geräte zum Anlocken des Wallers in erster Linie als Kuriositäten des Balkan beschrieben. In dem 1879 erschienenen Werk *Das Thierleben der österr.-ungarischen Tiefebenen* aus der Feder von August Moajsisovics von Mojsvŕ (1848–1897), einem seinerzeit sehr bekannten Grazer Zoologen und Fischkenner, heißt es über das seltsam anmutende Holz:

*Herr F. Bayer berichtete 1863 über eine neue Art des Fischfanges in Serbien und Südungarn, die beim Welse (in der Stromstrecke zwischen Semendria und Orsovai) angewendet wird, um diesen heranzulocken. Das Instrument heißt Bucskalo und ist aus einem etwa 32 Centimeter langen und 3 Centimeter dicken rundem Holze (besonders Tilia alba) geschnitzt; nach vorne sieht es einem zweischneidigen, 3 Centimeter breiten Messer ähnlich, woran aber der Handgriff rund bleibt. An der Spitze bleibt eine dünne, rundliche Querplatte von dem Durchmesser des Holzes stehen, deren Fläche aber in der Richtung von einer Schneide zur anderen schief geschnitten wird, so daß sie mit den Schneiden einen Winkel von 65 Grad macht.*[20]

Was von Mojsvŕ, wenn auch nur aus dem Studium der Berichte anderer Autoren, über die Anwendung des Holzes zu berichten wusste, lässt darauf schließen, dass es auf dem Balkan wohl vornehmlich zur Laichzeit des Wallers im späten Frühjahr eingesetzt wurde, um die Nestwächter mit störenden Geräuschen, die von ihnen als irritierende Schwingungen wahrgenommen wurden, zu reizen und zu provozieren:

*Dieses Bucskalo wird besonders zwischen den vielen Donau-Inseln bei Dubrovicza und Dubovacz Ende Mai und Anfangs Juni, dann in der zweiten Hälfte des September zur Nachtzeit angewendet. Ein Fischer lenkt den Kahn, der zweite hält in der linken Hand eine mit einer Werre beköderte Angelschnur, die er bei klarem Wasser circa 3 Meter, bei trübem circa 2/3 Meter tief in den Strome einsenkt und neben dem langsam fahrenden Boote mitzieht, er stößt mit der rechten Hand das Bucskalo unter einem bestimmten Winkel von Zeit zu Zeit 2-3 mal nacheinander rasch in das Wasser, wodurch ein eigenthümlicher und in weite Entfernung vernehmbarer Schall, fast wie wenn ein Stein von einer größeren Höhe in das Wasser fällt, hervorgebracht wird. Dieser Schall lockt nun die Welse herbei, welche sofort den Köder erschnappen und gefangen werden. Bisweilen wird auch die dem Wasserspiegel zu nahe gebrachte Hand des Fischers geschnappt. Die Erzeugung dieses Schalls, den auch die Apatiner Fischer durch ein rasches Aufschlagen des Ruders und ein stoßartisches rasches Erheben desselben hervorrufen, (man nennt es dort Plumpen) dient auch dazu, die Fische in gewünschter Richtung zu treiben.*[21]

---

[20] August Moajsisovics von Mojsvŕ: Das Thierleben der österreichisch-ungarischen Tiefebenen, S. 320.

[21] August Moajsisovics von Mojsvŕ: Das Thierleben der österreichisch-ungarischen Tiefebenen, S. 320.

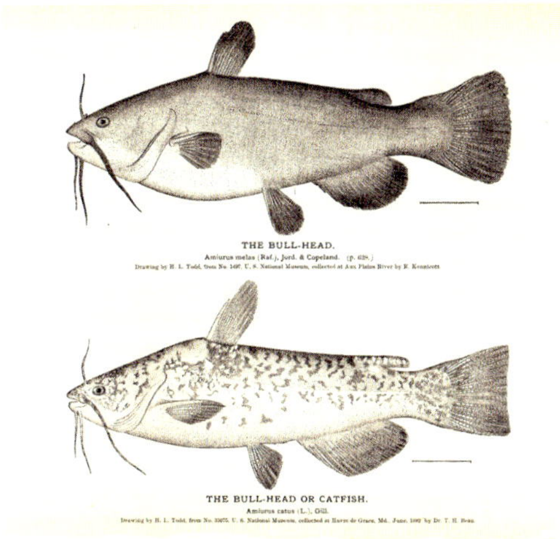


Katzenwelse auf einem Stich aus dem 19. Jahrhundert © Gemeinfrei

Warum man in der zweiten Septemberhälfte wieder zum Wallerholz griff, ist fischkundlich nicht erklärbar. Eine Antwort auf diese Frage könnte in den regionalen zoologischen, klimatischen oder hydrologischen Besonderheiten Serbiens bzw. Südungarns zu suchen sein. So ist es denkbar, dass die Waller in dieser Jahreszeit bevorzugt Jagd auf quakende Frösche machen. Dies legt zumindest der anonyme Verfasser des Beitrages *Das Hörvermögen der Fische* nahe. In seinem am 21. Juli 1909 in der Zeitschrift *Prometheus* erschienenen Artikel schreibt er:

*Der Zwergwels lebt in seiner amerikanischen Heimat hauptsächlich in froschreichen Gewässern, wo er bei Nacht infolge seines Hörvermögens den quakenden Fröschen besser nachstellen kann. Anscheinend kommt die Fähigkeit des Hörens sogar den Welsen allgemein zu. Nach Mojsisovics werden in Serbien die Welse nämlich mit Hilfe eines weithin hörbaren schallerzeugendes Holzinstrumentes (Bucskalo) angelockt, welches ins Wasser gestossen wird.*[22]

Es wäre jedoch verfehlt, glaubte man, dass allein die Zeitgenossen des späten 19. Jahrhunderts staunend vor dem Bucskalo standen. Auch Alfred Niedereder, der Autor von *So fängt man Waller*, bleib 1967 beim Thema Hölzer und ihrer Anwendung sehr vage. Bei der Lektüre entsteht der Eindruck, dass auch er diese Methode nur vom Hörensagen kannte. Tatsächlich zitierte er August Moajsisovics von Mojsvŕs Schilderungen fast wörtlich, ergänzte dessen Beschreibungen jedoch um folgende (wohl frei erfundene) Erläuterung:

*Dieses eigentümliche Quakgerät kann aus einem Stück Holz geschnitzt sein oder aus einem Holzstiel mit angeschraubter Blechbüchse bestehen.* Und weiter heißt es dort: *Auch vom Ufer aus läßt es sich in Bächen und kleineren Flüssen anwenden. Es muss dabei jedoch auf andere anwesende Fischer Rücksicht genommen werden, die sich eventuell durch das Platschgeräusch des Bucskalo belästigt fühlen könnten.*[23]

Abbildung eines serbischen Wallerholzes aus *Das Thierleben der österr.-ungarischen Tiefebenen* © Gemeinfrei

[22] Prometheus: Illustrierte Wochenschrift über die Fortschritte in Gewerbe, Industrie und Wissenschaft, Berlin, 1909, unpaginiert.

[23] Alfred Niedereder: So fängt man Waller (Welse), Hamburg und Berlin, 1967, S. 40.

Um die unbedarften Leser vollends zu verwirren, empfahlen alle Autoren als Hakenköder ein sehr exotisches Geschöpf, nämlich eine Maulwurfsgrille (Werre). Alfred Niedereder sah in ihr das Nonplusultra, übersah aber wohl den Umstand, dass sie noch schwieriger zu fangen war als der angestrebte Zielfisch. In dem unfreiwillig komischen Text liest man:

*Dieses unterirdisch lebende Schadinsekt, das den Zorn aller Gartenbesitzer herausfordert, kann mit einem leeren Marmeladenglas gefangen werden. Die Sache funktioniert so, dass in einem Maulwurfsgrill(werren)-gang ein Loch ausgehoben wird. Den geöffneten Gang bedeckt man mit einem alten Brett o. ä. Die den Gang befahrende Maulwurfsgrille fällt in das Glas und kann sich nicht befreien. Als Köder wird sie, wenn Waller hoch rauben, lebend schwimmend angeboten. Dazu wird das Insekt hinter dem Brustschild mit einem dünnen Kupferdrähtchen umwickelt und an den nicht zu großen Drilling gewunden.*[24]

Und auch ein in den 1970er-Jahren mehrfach in der europäischen Angelpresse abgedruckter Artikel des damals hinter dem Eisernen Vorhang lebenden, schreibenden und angelnden Autors Stefan Bodo lieferte für interessierte Wallerenthusiasten kaum mehr Erkenntnisse. Unter der Überschrift *Waller auf die ungarische Art* schrieb er im Großen und Ganzen nichts anderes als die Autoren vor ihm, empfahl jedoch, vor dem ersten Einsatz des Holzes ausgiebig in der heimischen Badewanne zu üben.

Eine Maulwurfsgrille, gezeichnet von Friedrich Specht (1839–1909) © Gemeinfrei

## DER NIERSTEINER STRADIVARI

Besuchern der Duisburger Angelmesse, die sich im Januar 2010 eigentlich über neue Trends des im Ruhrgebiet so traditionsreichen Angelns auf Weißfische informieren wollten oder gekommen waren, um die Kunst von Fliegenbindern und Rutenbauern zu bewundern, musste der schlanke Mann aus der Weinbaugemeinde Nierstein sehr merkwürdig vorgekommen sein, war an seinem Stand doch außer einem Wasserfass und zahlreichen, auf den ersten Blick völlig identisch ausschauenden, hölzernen Werkzeuge nichts zu sehen, was man auch nur im Entferntesten mit dem Angelsport in Verbindung bringen konnte. Wer sich jedoch mit dem Wallerangeln auskannte, wusste sogleich, dass Tilo Andreas Einblicke in die Welt der Wallerhölzer gewährte. Natürlich hatte ich schon viel über die Geräte gelesen, musste mir bis zu diesem Tag jedoch eingestehen, dass ich nicht an ihre Wirkung glaubte, was sich freilich als Irrtum herausstellen sollte.

---

[24] Alfred Niedereder: So fängt man Waller (Welse), Hamburg und Berlin, 1967, S. 33.

Tilo Andreas fertigte über viele Jahre unter seinem Künstlernamen Bachmotzschreck Wallerhölzer. Je nach gewässerspezifischen Anforderungen und speziellen Kundenwünschen entstanden in seiner Werkstatt Hölzer, die heute nur noch antiquarisch zu haben sind und einen legendären Ruf genießen. Seine den gewässerspefizischen Anforderungen angepassten und somit maßgefertigten Unikate gelten noch immer als die Stradivaris unter den Wallerhölzern. An seinem Messestand erklärte Tilo mir damals, was richtige von falschen Hölzern unterscheidet und was ein Klopfer zu bedenken hat.

In der Walleranglerszene ist Tilo Andreas (alias Bachmotzschreck) eine lebende Legende.
© Tilo Andreas

Auch er begann seine Klopferkarriere als Kunde von Wallerhölzern und erinnerte sich an seine ersten Schritte:

*Zu Anfang meiner Walleranglerlaufbahn kaufte ich mir ein bulgarisches Wallerholz. Das Modell ließ sich zwar leicht und gut klopfen, sein Ton lockte aber leider keine Waller an. Ein anderes Holz aus dem Angelladen ließ sich zwar nur schwer klopfen, hatte dafür aber einen Ton, auf den die Waller reagierten. Da dieses Holz dann plötzlich vom Markt verschwand, beschloss ich, eigenhändig Ersatz herzustellen. Ich testete und tüftelte, bis ich verschiedene Varianten hergestellt hatte, die mich und vor allem die Waller überzeugten. Bis heute habe ich nicht aufgehört zu experimentieren.*

Auf meine Frage, warum Walleranlger immer wieder neue Hölzer benötigen, erhielt ich eine erstaunliche Antwort:

*Es empfiehlt sich, unterschiedliche Hölzer zu verwenden, um das Gewässer nicht zu verklopfen. Waller reagieren manchmal auf helle und ein anderes Mal auf dunkle Töne. Dies ist abhängig von der jeweiligen Tages- bzw. Nachtzeit. Immer denselben Ton und den gleichen Rhythmus zu klopfen ist kontraproduktiv. Es ist ein tägliches Ausprobieren. Je mehr Töne man zur Verfügung hat, umso besser stehen die Chancen, von einem Waller erhört zu werden.*

Auch die Wassertemperatur würde eine wichtige Rolle spielen, denn sie müsse mindesten 17 Grad Celsius betragen. Zwar würden die Fische auch bei Temperaturen unter dieser Marke auf das Klopfen reagieren, doch ist und bleibt das Wallerholz ein Instrument für die wärmeren Jahreszeiten.

Wer sich nicht beraten lasse, so erklärte mir Tilo, würde Gefahr laufen, auch an sehr guten Wallergewässern mit dem richtigen Holz falsch zu klopfen oder mit dem für das Gewässer unpassenden Werkzeug die Waller zu verscheuchen, denn:

*Beim Einsatz eines Null-Acht-Fünfzehn-Wallerholzes aus dem Internet entstehen oft falsche oder gar keine Töne.*

Warum sich Waller von gekonnt erzeugten Klopfgeräuschen anlocken lassen, weiß auch Tilo Andreas nicht. Diese Frage wird (hoffentlich) noch lange unklar bleiben und unter Anglern heiß diskutiert werden, schließlich lebt das Hobby der Fischwaid zu einem guten Teil von Geheimnissen sowie einem gewissen Zauber.

Die Wallerhölzer des Bachmotzschreck prägten die Anfänge des Angelns auf Großwaller um die Jahrtausendwende.
© Tilo Andreas

# DER WALLER ALS SPORTFISCH

Der Waller zählt heute zu den begehrtesten Sportfischen und wird mit erheblichem Aufwand befischt.
© Max Konze

*Mir war es einmal beschieden, einen Wels von dreiundachtzig Pfund zu besiegen, nachdem er anderthalb Stunden meinen Kahn kreuz und quer über den See hin und her geschleppt hatte. Wie staunte ich über das Ungetüm! Ein Indianertanz verbot sich auf dem kleinen Boot von selbst, aber ein Jubelruf entrang sich meiner Brust, der von den Bergen als Echo zurückschallte.*[25]

[25] Frederick Albert Mitchell-Hedges: Kämpfe mit Riesenfischen, Berlin 1929, S. 8 (Vorwort).

Mit diesen Worten erinnerte sich der Angelbuchautor und Fischereiexperte Fritz Skowronnek (1858–1939) an seinen vor dem Ersten Weltkrieg gefangenen Waller. Die für moderne Petrijünger erstaunlich lange Drillzeit gründete keineswegs allein in der urgewaltigen Kraft des schließlich glücklich bezwungenen Fisches, sondern hatte in erster Linie mit den Eigenschaften und Schwächen des von Skowronnek verwendeten Geräts zu tun. Tatsächlich war man nämlich vor der Entwicklung moderner Ruten, Rollen und vor allem tragfähiger Schnüre alles andere als gut für das Zielfischangeln auf Waller gerüstet. Für Kenner der Geschichte des Angelgerätes ist es daher mehr als erstaunlich, dass der Altmeister einen solchen Riesen überhaupt ausdrillen und landen konnte.

Angelruten waren bis in die 1940er-Jahre hinein aus Holz und die stabilsten von ihnen aus robustem Bambus. Auch auf dem Rollenmarkt sah es nicht viel besser aus. Zwar gab es von US-amerikanischen Herstellern bereits Multirollen, die mit tragfähigen Geflechtschnüren bespult wurden und mit denen die frühen Big-Game-Angler Marline, Thunfische und Haie auf die Planken ihrer Yachten beförderten, doch wäre es ein Trugschluss, solch exklusives und teures Gerät auch in den Kähnen europäischer Raubfischangler zu vermuten. Natürlich war man in der alten Welt seit der Antike in der Lage, stabile Haken zu schmieden sowie Schnüre und Taue von erheblicher Tragkraft herzustellen, doch waren diese geflochtenen Stricke bis weit ins 20. Jahrhundert hinein extrem dick und somit für den Fang der mit empfindlichen Barteln ausgestatteten Waller alles andere als geeignet. Es ist daher nicht erstaunlich, dass der Waller noch in der zweiten Hälfte des 19. Jahrhunderts für Sportfischer als unfangbar galt.

Angehende Welsangler, die in dem 1873 erschienenen Buch *Gründlicher Führer in die Angelkunst* des österreichischen Experten Leopold Zeiller blätterten, fanden dort sehr ernüchternde Zeilen über ihren angestrebten Zielfisch:

*Obwohl dieser Fisch in den meisten Flüssen einzeln vorkommt, so kann man ihn doch nicht zu den Angelfischen zählen, schon seiner Größe und Schwere wegen. Zu fangen wäre der Wels mit einer sehr großen, über einen Zoll innerer Lichte gestellten, mit den Eingeweiden einer Gans, Ente oder Wildente bespickten Nachtangel, nachdem man seinen Standort oder Wechsel ausgeforscht hat. Es gehört jedoch seine sehr starke, lange Repschnur mit schwerem Bleigesenke an die Angel, und es wird kaum ein Mann alleine im Stande sein, einen 50 bis 60 Pfund schweren Wels matt zu drillen und zu landen.*[26]

Zeillers aus heutiger Sicht recht eigenwillige Köderempfehlungen waren dem Umstand geschuldet, dass man im Grunde über Waller, und erst recht über ihren sportlichen Fang, so gut wie nichts wusste. Wie modern und wagemutig seine Ratschläge für damalige Verhältnisse dennoch waren, belegt der direkte Vergleich mit den Ausführungen seines deutschen Zeitgenossen Franz Ludwig d'Alquen, der im Schlusswort seines 1862 gedruckten Werkes *Vollständiges Handbuch der feinen Angelkunst* bekennt:

*Daß ich über den Fang des Waller oder Welses nichts gesagt, hat seinen guten Grund;*

[26] Leopold Zeiller: Gründlicher Führer in die Angelkunst, Wien, 1873, S. 83.

*ich würde mich wenigstens nicht darüber freuen, wenn ein solcher Koloß, der eine Schwere von 2 Centnern erreichen kann, an meine Angel gebissen, weil ich meine Ruthe zu lieb habe.*[27]

Und so ist es nicht erstaunlich, dass fast alle Autoren älterer Literatur für Sportfischer konkrete Informationen zur Wahl des passenden Geräts schuldig blieben.

Auch Max von dem Borne, der bis heute bekannteste und fleißigste unter den Angelbuchautoren des 19. Jahrhunderts musste einräumen, dass er zum Thema Welsfang nicht viel beizutragen wusste. In seinem 1875 erschienen Werk *Illustriertes Handbuch der Angelfischerei* heißt es im kurzen Kapitel über das Angeln auf Waller:

*Junge Welse werden öfter an der Angel gefangen, bei großen ist dies selten der Fall. Im Berlinchenschen See in der Neumark wurde vor einigen Jahren mit einer Barschangel, die mit Mieterkrebs* [gehäuteter Flusskrebs] *beködert war, ein 25 Pfund schwerer Wels gefangen.*[28]

In Gegenden, in denen der Waller häufiger vertreten war, sah es hingegen anders aus. Bereits in den 1870er-Jahren gab es an den Ufern des Ossiacher Sees Angler, die nicht nur Würmer und Köderfische auf ihre Haken steckten, sondern den Waller auch mit den Kunstködern befischten. Wie dies geschah, erinnerte der Journalist August Hawlitschek 1890 in einem Beitrag für *Albert Hugo's Jagdzeitung*:

*Am 27. August 1879 habe ich nach 7 Uhr Abends meinen ersten Waller, 9 kg schwer, im Ossiachersee mit der Schleppangel gefangen. Der höchst einfache, damals in den Kärntnerseen übliche Apparat bestand in einem Stück Weißblech, das eine sehr entfernte Aehnlichkeit mit einem Fische hatte, auf der einen Seite hellglänzend, auf der anderen Seite mit Kupfer überzogen und mit vier Angeln* [gemeint sind hier Haken] *versehen war. Gegenwärtig wird der Spinner mit dem todten Köderfische verwendet.*[29]

Es ist jedoch zu modern gedacht, stellt man sich die Schleppangel als eine Kombination aus Rute und Rolle vor. Tatsächlich schleppte man im 19. Jahrhundert auf große Raubfische, zu denen neben Wallern auch Hechte und Seeforellen gezählt wurden, mit einer an den Ruderkahn befestigten Schnur, die stark genug war, um Fische jenseits der Zehn-Kilogramm-Marke landen zu können. Wie eine solche Schleppangel auszusehen hatte, konnten Petrijünger im Werk des Barons Hermann von Ehrenkreutz nachlesen. In der ersten Auflage seines Klassikers *Das Ganze der Angelfischerei und ihrer Geheimnisse* heißt es 1847:

*Am hintern Theile eines Kahnes wird eine mäßig lange Leine festgemacht und an dieser eine Doppelangel* [Zwilling], *die in einem Stückchen rothen Tuch leicht versteckt ist, befestigt. Man fährt nun schnell mit dem Kahne auf einem See, Flusse oder Strome hin und her.*[30]

---

[27] Franz Ludwig d'Alquen: Vollständiges Handbuch der feinen Angelkunst, Leipzig, 1862, S. 237.
[28] Max von dem Borne: Illustriertes Handbuch der Angelfischerei, Berlin, 1875, S. 229.
[29] Albert Hugos Jagdzeitung, Bd. 33, 1890, S. 145.
[30] Hermann von Ehrenkreutz: Das Ganze der Angelfischerei, Quedlinburg und Leipzig, 1847, S. 122.

Dass diese Form der Fischwaid kein Sport für arme Leute war, wird spätestens dann deutlich, wenn man sich die Blinkerpreise im Katalog der Hamburger Angelgerätefirma Waitz aus dem Jahre 1878 anschaut, denn für einen *Blänker ohne Wolle mit starkem Doppelhaken* wurden zehn Pfennige verlangt. Dies war für damalige Verhältnisse eine beachtliche Summe, schließlich verdiente ein Schlosser 86 Pfennige am Tag und musste bei einer 72-Stundenwoche somit beinahe 1,5 Stunden Schwerstarbeit leisten, bevor er einen Blinker an die Hanf- oder Pferdehaarschnur binden konnte. Es ist daher nicht erstaunlich, dass die meisten Angler ihre Blinker selbst bauten oder der Einfachheit halber zu Köderfischen am System griffen.

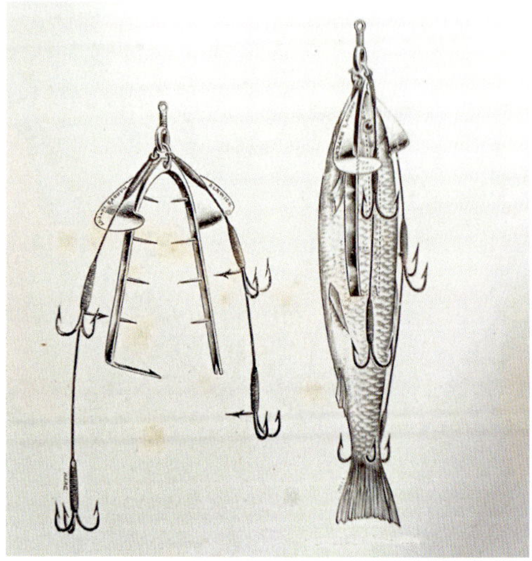

**Ein gesponnener Köderfisch war in den 1890er-Jahren am Ossiacher See das Nonplusultra beim Schleppangeln auf Waller.** © Gemeinfrei

## ANGELTECHNIKEN

Bis wann der von Heinz Caspar Schneider im August 1963 gefangene 53-Pfünder die regionale Rekordliste für die drei Wallerseen rund um die schwäbische Gemeinde Illmensee angeführt hat und ob er bis heute überhaupt überboten wurde, weiß niemand. Dass seit jenen Tagen dort größere Welse gefangen worden sind, ist hingegen jedem Einheimischen bekannt, doch konnten die stolzen Fänger mit ihren 70- und 80-Pfündern nicht ans Licht der Öffentlichkeit und erst recht nicht ins Blitzlichtgewitter der Lokalpresse treten, denn auf den baden-württembergischen Angelscheinen stand über viele Jahrzehnte zu lesen, dass es verboten sei *zur Nachtzeit zu Angeln*, was für Welsangler quasi einem Verbot der Ausübung ihrer Passion gleichkam. Natürlich scherten sich die meisten Petrijünger recht wenig darum, doch waren sie gezwungen, ihre zumeist weit nach Mitternacht gemachte Beute heimlich in ihre Küchen zu schaffen.

Eine Fischart zu beangeln, über deren Reviere und Standplätze man nur munkeln und raunen konnte, war über viele Jahrzehnte eine sehr mühsame Übung. Zu diesem mangelhaften Wissen gesellte sich neben dem vielerorts herrschenden Nachtangelverbot auch der heute fast in Vergessenheit geratene Umstand, dass man vor der Entwicklung guter Stirnleuchten und elektronischer Bissanzeiger allein mit den damals üblichen Aalglöckchen sowie einer Taschenlampe zum legalen oder halblegalen Nachtansitz auf Waller ausrücken musste.

Als die Zeitschrift *Blinker* Mitte der 1980er-Jahre die Serie *Nachts beißen die Großen* auflegte, kam natürlich auch der Waller an die Reihe. Der Autor kam seinerzeit über allgemeine Ratschläge zum Erwerb einer Ausnahmegenehmigung vom Nachtangelverbot, eine Warnung vor lästigen Mücken in Sommernächten bis zu allgemeinen Ratschlägen zum Nachtangeln kaum hinaus.

Und so gipfelten die Praxistipps in Formulierungen wie der folgenden, deren Lektüre rund 40 Jahre nach ihrem Abdruck im Heft noch immer unfreiwilligen Unterhaltungswert hat:

*Jeder Angler erkennt den unersättlichen Räuber der Tiefe in seinem Jagdrevier. Er platscht mit dem Schwanz an der Wasseroberfläche, er schmatzt und lärmt, so daß der Eindruck entsteht, daß alles, was im Wasser lebt, nur dazu da ist, von ihm gefressen zu werden.*[31]

## ANSITZANGELN

Ansitzangler brauchen viel Geduld und sollten es sich gemütlich machen. © Markus Bötefür

Das Wallerangeln unterscheidet sich von der sportlichen Fischwaid auf andere Fischarten vor allem dadurch, dass es starkes Gerät erfordert. Welsangler, die es auf Kapitale abgesehen haben, sind somit konsequente Zielfischangler. Bei ihren Ansitzen können sie auf keinen Beifang hoffen, denn Hardmonovorfächer in Stärken von fast einem Millimeter Einzelhaken und Drillinge der Größen zwischen 2/0 bis 6/0 sowie

[31] Blinker Sonderheft Wels, Hamburg, ohne Jahr, S. 33.

gigantische Köderfische schrecken jeden Zander und erst recht auch jeden Aal ab. Leider wird diese extreme Form des Welsangelns seit vielen Jahren im Internet und in zunehmendem Maße auch in der Angelsportpresse propagiert, sodass bei Einsteigern leicht der Eindruck entstehen kann, dass jeder Waller ein die Schnüre sprengender und jede herkömmliche Rute zerbrechender Urian sei, mit dem sich „Otto Normal-Petrijünger" nicht anlegen sollte.

Bevor sich Einsteiger eine Wallerrute mit entsprechendem Zubehör anschaffen, sollten sie sich zunächst fragen, ob in ihrem Gewässer überhaupt Giganten schwimmen, die mit solch stabilem Gerät angegangen werden müssen. Der legendäre Zweizentnerwels kommt längst nicht in jedem Vereinsgewässer vor und beißt auch im Rhein und in der Donau nicht häufig auf die Montagen der perfekt ausgerüsteten Wallerspezialisten, die ihre Köder zuweilen an Haken der Größe 8/0 anbieten. Viel häufiger werden Welse zwischen 80 Zentimetern und 1,3 Metern Länge gefangen, die etwa fünf bis 20 Kilogramm wiegen. Diese Fische lassen sich mit herkömmlicher Aal- oder Karpfenausrüstung zum Anbiss verleiten, sicher anhaken, ausdrillen und landen. Wer es zum ersten Mal am heimischen Gewässer auf Waller versuchen möchte, kommt also mit einer Karpfenrute der 2,5 lbs-Klasse, einer 4000er-Stationärrolle, gefüllt mit 20er-Geflechtschnur oder 45er monofiler Leine, gut zurecht.

## Einfache U-Posenmontage

Die wohl einfachste und auch erfolgversprechendste Methode zum Fang eines Wallers ist das klassische Grundangeln. Diese von Einsteigern oft missverstandene Form der Ansitzangelei beschränkt sich nicht allein auf das Auslegen eines Naturköders an einer Grundbleimontage, wie sie jeder angehende Petrijünger im Vorbereitungskurs auf die Sportfischerprüfung kennenlernt, sondern meint auch die – ebenfalls im Kurs vermittelte – einfache Posenmontage. Daneben hat sich in den vergangenen Jahrzehnten die sogenannte Unterwasserposentechnik (kurz U-Posentechnik) als sehr effektiv erwiesen. Sie kann ohne viel Aufwand sowohl vom Ufer aus als auch vom Boot eingesetzt werden und ist leicht zu binden.

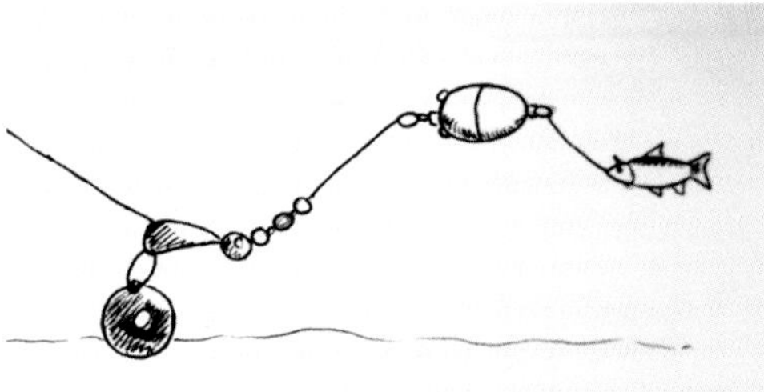

Einfach und fängig – die Unterwasserposen-Montage © Markus Bötefür

Bei U-Posen handelt es sich um Auftriebskörper, die mit innen liegenden Rasseln ausgestattet sind und so in strömendem Wasser Signale an die Seitenlinien und die Barteln des Wallers abgeben. Aufgezogen werden U-Posen wie herkömmliche Laufschwimmer. Allerdings stehen sie nicht an der Wasseroberfläche, sondern liegen in horizontaler Stellung als Schwimmkörper unter Wasser, sind also im Gegensatz zu „echten" Posen nahe am Haken. Zweck der U-Posen ist es, den angebotenen Köder über Grund schweben zu lassen. Die Montage ist im Handumdrehen gebunden und sieht wie folgt aus: schweres Grundblei (Laufblei (bzw. Blei am Seitenarm)), Posenstopper (mitsamt Kunststoffperle), U-Pose, zweiter Stopper, Wirbel und Vorfach (siehe Zeichnung). Die U-Pose bietet als Auftriebskörper nicht nur die Möglichkeit, den Köder über Grund schweben zu lassen, sondern man kann mit dieser Montage auch unterschiedliche Wasserschichten nach Welsen absuchen, indem man (bei geschlossenem Schnurfangbügel der Stationärrolle) mal mehr und mal weniger Schnur freigibt.

Aber auch beim klassischen Grundangeln (Laufblei, Stopperperle, Wirbel, Vorfach und Haken) ist es mit einem einfachen Trick möglich, den Köderfisch über Grund schweben zu lassen. Dazu steckt man ihm einfach ein Stückchen Balsaholz oder Styropor ins Maul, was ihm eine verführerische vertikale Stellung verleiht. Angelt man in strömendem Wasser, so ist beim Einsatz von Grundbleimontagen darauf zu achten, dass die Strömung an der gewählten Angelstelle nicht zu stark ist und vor allen Dingen nicht viel Treibgut (Äste, Blätter, Schilf usw.) mit sich führt, denn dieses verhängt sich gern in der Schnur.

## GERÄTEBOX FÜR DAS LEICHTE ANSITZANGELN

Wer seine ersten Schritte auf kleinere und mittelgroße Waller im Baggersee oder am Vereinsgewässer wagen möchte, ist mit folgendem Gerät fast überall gut ausgerüstet:

**Rute:** Die meisten Waller lassen sich mit Karpfenruten (Boilieruten) der 2.5-lbs-Klasse bezwingen. Diese Ruten sind ideale „Allroundruten“ für das Fischen auf größere Raub- und Friedfische, daher gehören sie zur Grundausstattung jedes Petrijüngers und stellen niemals eine Fehlanschaffung dar.

**Rolle:** Eine 4000er-Rolle mit einem Fassungsvermögen von 150 Metern 30er (geflochtener) Schnur reicht an den meisten Gewässern völlig aus. Bei der Anschaffung der Rolle sollte nicht gespart werden. Nur qualitativ gute Rollen verfügen über fein justierbare Bremsen, mit denen man auf die Fluchten des gehakten Wallers im Drill reagieren kann. Am besten greift man beim Ansitzangeln zu Freilaufrollen.

**Schnur:** Geflochtene 20er- bis 25er-Hochleistungsschnüre sind für den Ansitz ideal. Wer lieber mit monofilen Schnüren fischt, sollte eine 50er verwenden, muss dann allerdings zu einem schwereren 5000er-Rollenmodell greifen.

**Vorfächer:** Wallerangler sollten ihre Vorfächer selbst binden. Als Material eignen sich hierfür sowohl Hardmono als auch Kevlar. Stets ist darauf zu achten, dass die Tragkraft des Vorfachs geringer sein muss als die der Hauptschnur, damit im Falle eines Schnurbruchs kein Wels mit einer „Schleppleine“ durch das Gewässer schwimmt. Da Hardmono recht dick (0,6 Millimeter oder mehr) ist, lässt es sich nur schwer knoten. Einsteiger sind daher mit dem weicheren Kevlarmaterial besser ausgerüstet. Auf Stahlvorfächer sollte gänzlich verzichtet werden, denn der Wels reagiert auf Metall oft „skeptisch“.

**Haken:** Im Fachhandel sind spezielle Wallerhaken erhältlich. Diese Modelle verfügen über die nötige Schärfe, um im Wallermaul zu fassen, sowie über ausreichend Stabilität. Für das leichte Angeln genügen Haken in den Größen 1/0 bis 2/0.

**Kleinteile:** Grundbleie in Gewichten von 60 bis 80 Gramm (in Flüssen bis 150 Gramm), U-Posen in unterschiedlichen Größen, Posenstopper, Karabinerwirbel sowie Vorfachhaken in Größen von 2/0 bis 1/0. Da der Teufel oft im Detail steckt, ist für das Wallerangeln allerbestes und stabilstes Gerät gerade gut genug. Dies gilt besonders für Vorfächer, Haken und Wirbel.

## GERÄTEBOX FÜR DAS SCHWERE ANSITZANGELN

Befischt man Gewässer mit Großwallern, so reicht eine herkömmliche Ausrüstung bei Weitem nicht aus. Wer gezielt auf kapitale Waller angelt, der muss vom Haken bis zum Rutenhalter auf seinen Zielfisch eingestellt sein.

**Rute**: Zum Ansitzangeln werden verschiedene Ruten verwendet, die in Wurfgewichtsklassen zwischen 180 Gramm bis zu 400 Gramm im Fachhandel angeboten werden.

Die Kraft des Wallers wird oft überschätzt. Dieser 20-Kilo-Wels wurde mit einer 100er-Rolle an einer Rute mit zehn Gramm Wurfgericht gefangen.
© Markus Bötefür

**Rolle**: Ob man sich für eine Stationär oder eine Multirolle entscheidet, ist nur für Bootsangler eine Frage des persönlichen Geschmacks. Wallerangler, die vom Ufer aus fischen, greifen (fast ausschließlich) zu einer Stationärrolle. Die ideale Rolle ist von äußerster Robustheit, verfügt über eine tadellos funktionierende und fein justierbare Bremse und einen weichen Lauf. Moderne Wallerrollen bieten ein Schnurfassungsvermögen von mindestens 200 Metern 50er-Geflechtschnur.

Da die wichtigen Teile solcher Rollen aus massivem Stahl gefertigt sind, haben sie ein recht hohes Gewicht, sodass ein Ruten-Rollen-Gespann nicht in einem herkömmlichen Rutenhalter abgelegt werden kann.

**Schnur**: 40er- bis 50er-Geflechtschnüre genügen für den Fang kapitaler Waller. In fließenden Gewässern bereiten diese dicken Schnüre jedoch mitunter Probleme, da sie der Strömung recht viel Widerstand entgegensetzen und oft lästige Schnurbäuche verursachen, auf die der Angler mit häufigem Neuauslegen seiner Montage reagieren muss.

**Köder**: Neben den bereits vorgestellten fünf klassischen Naturködern gibt es für Wallerprofis kaum Grenzen der experimentellen Köderwahl.

**Kleinzeug**: Birnenbleie in Gewichten von 60 bis 80 Gramm (in Flüssen bis 100 Gramm), U-Posen in unterschiedlichen Größen, Posenstopper, Karabinerwirbel sowie Vorfachhaken in Größen von 2/0 bis 4/0. Für das Wallerangeln ist allerbestes und stabilstes Gerät gerade gut genug. Dies gilt besonders für Vorfächer, Haken und Wirbel.

## WALLERKÖDER

„Watt der Bur nit kennt, datt fritt er nicht", lautet ein Sprichwort vom Niederrhein, das ins Hochdeutsche übersetzt „Was der Bauer nicht kennt, das isst er nicht" bedeutet. Was für den niederrheinischen Bauern gilt, trifft auch auf den Europäischen Wels zu. Aus persönlicher Erfahrung kann jeder ehrliche Angler bestätigen, dass Bisse auf exotische Köder genau das sind, was diese Köder versprechen, nämlich selten. Im Laufe meiner nunmehr fast ein halbes Jahrhundert andauernden Suche nach dem Waller habe ich mehr „Geheimköder" ausprobiert, als ich mich heute noch erinnern kann. Waren es in den 1970er-Jahren Stücke von Rindermilzen, die ich mit meinen Freunden verbotenerweise an Nachtschnüren im Illmensee versenkte und die bei ihrem Einholen im Morgengrauen sogar von Flusskrebsen und anderen Allesfressern unbeachtet geblieben waren, so versuchte ich es später mit ganzen, halben und geviertelten Heringen sowie mit in Muschelöl eingelegten Köderfischen oder den Eingeweiden einer Schleie. Welcher Köder mir auch immer von den (offensichtlich selbsternannten) Wallerexperten zugeraunt wurde, er erwies sich stets als Flopp, denn der Wels, und dies eint ihn mit dem Buren, frisst am liebsten, was er kennt; und dies kommt in seinem Lebensraum vor und muss nicht im Futtermittelhandel oder dem Internet besorgt werden.

Im Oktober 1979 berichtete die Sportfischerzeitschrift *Blinker* über den sensationellen Fang von gleich vier Wallern, die im August desselben Jahres innerhalb von wenigen Tagen im Fluss Regen gefangen wurden.

*Im Regen war was los, vier Waller zwischen 17 und 50 Pfund wurden bei Treidling von drei Anglern zwischen dem 3. und 8. August gefangen. Und der Blinker war dabei. Blinker-Fotograf Heinz Jagusch machte die ersten Aufnahmen von Fängern und Fischen,*[32]

hieß es damals und die Story wurde mit vier Seiten im Heft, sechs Bildern sowie dem ganzseitigen Titelfoto gewürdigt. Der Fang von gleich vier Exemplaren, 49, 27, 24 und 17 Pfund schwer, kam damals einer Sensation gleich und nicht wenige Leser konnten sich des Eindrucks nicht erwehren, dass es sich bei dieser Fangstrecke um eine gelungene PR-Aktion handelte, wurden die Fische doch auf einem Abschnitt des Regen gefangen, für den nur an Gäste eines bestimmten Hotels Angelscheine vergeben wurden. Außerdem sollen sie auf halb verfaulte Hühnerdärme gebissen haben. Beides erschien mehr als verdächtig.

Als ich viele Jahre später selbst für den *Blinker* schrieb und mit Heinz Jagusch des Öfteren auf Reportagetouren ging, versäumte ich es nicht, ihn nach dem legendären Wallerquartett des Sommers 1979 zu fragen.

*Ich habe die Fische nur in den Wassertanks gesehen und musste glauben, was mir ihre Fänger erzählt haben. So ist nun mal das Fotografenleben.*

Diese Aussage war zwar ernüchternd, deckte sich aber vollkommen mit meinen beruflichen Erfahrungen. Schnell waren wir uns darüber einig, dass Reporter von kaum einer anderen Menschengruppe mehr unglaub-

[32] Blinker Nr. 10, 1979, S. 6.

würdige Geschichten zu hören bekommen als von erfolgreichen Anglern. Im Grunde ihrer Herzen wollen diese Männer ihre Fanggründe und Köder eigentlich nicht verraten, trotzdem möchten sie sich mitsamt ihrer Beute aber auf den Seiten der Tages- und Angelsportpresse zeigen. Um diesen Spagat zu schaffen, können sie zwangsläufig nicht bei der reinen Wahrheit bleiben und sehen sich gezwungen, auch bei der Angabe ihrer Erfolgsköder zu lügen. Die Blaupausen für solche Köderfantastereien lieferte Conrad Gessner mit seinen Schauergeschichten bereits im 16. Jahrhundert. Man darf wohl davon ausgehen, dass schon zu Gessners Zeiten diese Angaben nicht von allen seinen Lesern für bare Münze genommen worden sind. Trotzdem hielt sich die Mär vom Waller als Gierschlund bis weit ins 20. Jahrhundert hinein und fand vor allem in der Angelliteratur großen Widerhall.

Die in den älteren Büchern angegebenen Köder für das Wallerangeln lassen sich daher nicht allein nur in gute und weniger gute unterteilen, sondern auch in realistische und offenbar völlig utopische. Gemein ist fast allen schreibenden Experten, dass sie Empfehlungen für Köder zu Papier brachten, deren Fängigkeit gewiss nicht auf eigenen Erfolgen fußen konnte. So stand noch im Sommer 1986 in der *Zeitschrift für Österreichs Fischerei* zu lesen:

*Ein hungriger Wels ist absolut nicht wählerisch. Seine Speisekarte ist groß, vom lebenden Fisch bis zum toten Sperling, von der Maulwurfsgrille bis zur bereits stinkenden Leber.*[33]

[33] Zeitschrift für Österreichs Fischerei, Band 39/40, ohne Ort, 1986, S. 208.

Und auch Alfred Niedereder versuchte sich 1967 in seinem Leitfaden *So fängt man Waller* aus der Zwickmühle eigener nicht ganz überzeugender Ködertipps zu befreien, indem er auf deren überhöhte Preise verwies:

*Wenn man den Berichten und Überlieferungen unserer Vorväter glauben darf, so stellt Leber, gebraten oder roh, einen vorzüglichen Wallerköder dar. Bei den heutigen Fleisch- und Leberpreisen ist mir die Leber in der Bratpfanne aber schon lieber als vielleicht ein Wels am Fangeisen. Ich bin überzeugt, daß es regional verschieden, noch eine Unmenge fleischlicher Köder gibt, die auch zum Erfolg führen können.*[34]

Auch wenn Welse in der Brutzeit der Wasservögel gelegentlich das eine oder andere Küken erbeuten oder wie im südfranzösischen Albi sogar regelmäßig am Ufer des Flusses Tarn trinkende Tauben erlegen, so käme die Verwendung solcher Köder nur Barbaren in den Sinn. Es liegt auf der Hand, dass die besten natürlichen Wallerköder – dies gilt auch für andere Raubfische – diejenigen sind, die im jeweiligen Gewässer oder an seinen Ufern vorkommen. Will man von Ködern wie der im Rahmen der osteuropäischen Wallerholz-Fischerei einst so beliebten Maulwurfsgrille absehen, die, lebendig angeboten, aufgrund der von ihr ausgehenden Geräusche gewiss eine vortreffliche Wahl ist, so kommen bei realistischer Betrachtung für mitteleuropäische Petrijünger im Grunde nur zwei „regionale" Hakenköder in Betracht: Köderfische und Würmer; zu ihnen gesellen sich drei weitere, für Welse hochinteressante Köder, nämlich Tintenfische, frische Hühnerinnereien sowie Wallerboilies. Natürlich beißen die Fische auch auf andere Naturköder, doch sind Einsteiger ins Welsangeln gut beraten, wenn sie sich bei ihren ersten Ansitzen auf das Experimentieren mit diesem Quintett beschränken, bevor sie zu exotischen und teuren Leckerbissen wie Blutegeln, Lammpansen oder Muschelfleisch greifen.

Köderfische wie dieser Brassen sollten aus dem Gewässer stammen, in dem man sie als Köder anbietet. © Markus Bötefür

## Köderfische

Bei der Wahl der richtigen Köderfische sollte man sich an den im Gewässer vorkommenden Fischarten orientieren. Schwimmen in einem See mehr Rotaugen als Brassen, so darf davon ausgegangen werden, dass der Waller sich bevorzugt von Rotaugen ernährt und man mit ihnen als Köder schneller zum Erfolg kommen wird als mit Brassen.

Daneben ist es wichtig, sich über die Größe seines Köderfisches Gedanken zu machen. Fischt man mit großen Köderfischen, so beißen darauf nur große Waller. Da es in jedem Gewässer mehr kleinere und mittelgroße Welse als gigantische Exemplare gibt, so bedeutet dies, dass man aller Voraussicht nach mit großen Ködern öfter erfolglos fischen wird als mit kleinen.

[34] Alfred Niedereder: So fängt man Waller (Welse), Hamburg und Berlin, 1967, S. 38.

Da der Wels ein Zielfisch für die wärmere Jahreszeit ist, stellt die Beschaffung frischer Köderfische den Angler selten vor ein Problem, denn Weißfische lassen sich im Frühjahr und Sommer relativ einfach fangen. Nur in absoluten „Notfällen" sollte man zu eingefrorenen Köderfischen greifen. Am besten fängt man mit frisch abgeschlagenen Fischen, die nach etwa drei bis vier Stunden am Haken ersetzt werden sollten, denn anders als von manchen Anglern kolportiert, schätzen Welse frische Köder.

## Würmer

Die meisten Angler sammeln ihre Würmer heute nicht mehr eigenhändig, sondern kaufen sie im Angelgerätefachhandel oder im Zoogeschäft. Dort bekommt man drei Arten von „Angelwürmern": Tauwürmer, Dendrobenas und Rotwürmer.

Tauwürmer sind die größten der drei und werden von den meisten Walleranglern am höchsten geschätzt. Die in Fachgeschäften erhältlichen Tauwürmer werden meist aus Kanada importiert und unter dem Namen *Gigant Nightcrawlers* verkauft. Hat man es

Tauwürmer sind klassische Wallerköder, verführen aber auch (fast) alle anderen Fischarten.

Dendrobenas sind die lebhaftesten Würmer.


auf kleinere Waller für die Küche abgesehen, so kommen sie einzeln zum Einsatz. Möchte man mit ihnen stattlichere Exemplare überlisten, so werden sie als Bündel (fünf bis fünfzehn Stück) zum Wallerfang eingesetzt. Beim Fischen mit einzelnen Tauwürmern an der Grundangel ist es wichtig, sie mit der Ködernadel bis auf das Vorfach und den Hakenschenkel aufzuziehen, denn einfach auf den Haken gesteckte Würmer werden oft von unerwünschten Köderdieben (Krebse oder Grundeln) abgefressen.

Dendrobenas sind erst seit einigen Jahren als Angelköder populär. Die eigentlich als Reptilien- und Zierfischfutter gezüchteten Würmer gibt es in verschiedenen Größen. Kleinere Dendrobenas eignen sich zum Fang von Weißfischen und Forellen, größere werden beim Welsangeln als Bündel (15 bis 20 Stück) auf den Haken gesteckt. Dendrobenas sind wesentlich lebhafter als Tauwürmer und kommen daher bei kühleren Wassertemperaturen zum Einsatz.

Die kleinen und geruchsintensiven Rotwürmer werden von vielen Anglern als Aalköder sehr hoch geschätzt, kommen aber beim Wallerangeln relativ selten zum Einsatz. Wer sich die Mühe macht, einen Haken mit 25 oder 30 dieser Winzlinge zu bestücken, hat ein sehr geruchsintensives und sich lebhaft bewegendes Bündel, mit dem man zwar selten Großwaller fängt, dafür aber umso häufiger Fische für die Küche.

Hat man es auf Waller für die Küche abgesehen, genügt mitunter ein einzelner Wurm als Köder.
© Cezary Felix Rybczynski

Mit allen dieser drei Wurmarten kann man sowohl an einer einfachen Grundblei- wie auch an einer Posenmontage fischen. Kommen Wurmbündel zum Einsatz, so fischen viele Wallerangler mit der sogenannten U-Posenmontage.

## Tintenfische

Tintenfische, Calamari, Kraken und Oktopusse zählen in vielen Gewässern zu den besten Wallerködern. Allerdings sind sie nicht leicht zu beschaffen, denn sämtliche unter diesen Namen in Supermärkten angebotenen Tiere taugen als Angelköder gar nichts, da ihnen die für den Fangerfolg wichtigen Eingeweide fehlen. Wer es mit ihnen versuchen möchte, sollte sie von türkischen oder asiatischen Lebensmittelhändlern beschaffen lassen und bei der Bestellung ausdrücklich darauf verweisen, dass man die Tiere nicht gesäubert sowie mit Kopf und Eingeweiden wünscht. Je nach Größe kann man mit ganzen Exemplaren oder Stücken von ihnen fischen. Wichtig bei der Montage ist jedoch, dass die Hakenspitze aus dem Köder ragen muss, denn das Fleisch der Tintenfische hat eine gummiartige Konsistenz, die einen im Köder verborgenen Haken „unscharf" macht. Für alle Krakenarten gilt, dass sie frisch sein müssen und höchstens einen Angeltag bzw. eine Angelnacht am Haken verbleiben sollten, bis man sie durch neue Köder ersetzt.

Allerdings mögen nicht alle Waller Tintenfische. Es gibt Gewässer, in denen sie hervorragend auf diesen Köder beißen und andere Reviere, in denen Oktopus, Tintenfisch und Calamares von ihnen nicht beachtet werden. Wer nicht sicher ist, ob diese Köder in seinem Revier etwas taugen, sollte zunächst nur eine Angel mit ihnen beködern und an der zweiten Rute einen Klassiker (Köderfisch oder Wurmbündel) anbieten.

Tintenfische sind nicht in allen Gewässern gute Köder. © iStock.com/SEMA HELVACI

Tintenfische werden von den meisten Anglern an der U-Posenmontage ausgelegt, sodass sie über dem Gewässergrund „schweben“ und neben einem aromatischen auch einen optischen Reiz abgeben.

## Hühnerdärme

Die Eingeweide von Hühnern zählen schon lange zu den Klassikern. Während noch immer die Mär von halbverfaulten Innereien durch die Fachpresse und das Internet geistert, wissen erfahrene Walleranglerr, dass die Trümpfe nur dann stechen, wenn sie frisch sind. Dies bedeutet nicht, dass man sie nicht einfrieren kann, doch sollten sie auf keinen Fall „gammelig“ riechen. Im Supermarkt sind in der Regel nur Hühnerlebern und mitunter auch die Herzen der Tiere erhältlich. Es versteht sich von selbst, dass man einen Wallerhaken mit einer größeren Anzahl dieser Organe beködern muss, wenn man einen stattlichen Waller zum Anbiss überzeugen möchte.

Wer es mit den Gedärmen (Magen, Schlund etc.) versuchen möchte, steht nicht selten vor dem Problem der Köderbeschaffung. Für auf dem Land lebende Petrijünger ist es gewiss einfacher, diese Eingeweide beim Bauern mit Hausschlachtung zu besorgen. Städter können sie in einigen Chinamärkten bestellen. Der verlockende Geruch der Därme wird im Wasser (vor allem in fließenden Gewässern) recht schnell ausgewaschen, sodass man den Köder nach vier bis fünf Stunden erneuern sollte. Wie Tintenfische und Wurmbündel werden auch die Eingeweide der Hühner an der U-Posenmontage angebotenen.

## Boilies

Neben den vier als reine Naturköder erkennbaren „Klassikern“ haben sich in den vergangen zwei Jahrzehnten auch Waller-Boilies und sogenannte Waller-Pellets einen Namen gemacht. Als Wallerköder wurden Boilies durch eine hohe Anzahl von Welsbeifängen beim Karpfenangeln eher zufällig entdeckt und inzwischen den Bedürfnissen des Welsangelns in Größe, Form und Geschmack angepasst. Anders als Karpfenboilies sind die zum Welsangeln gefertigten Proteinhappen oft nicht kugelrund, sondern eher „eckig“ und mit herben Aromen (Muschel, Fischöl, Heilbutt, Krabbe etc.) versehen, während Karpfenboilies zumeist süß und fruchtig aromatisiert sind. Boilies werden mittels einer stabilen Ködernadel (Boilienadel) auf ein sogenanntes Haarvorfach unterhalb des Hakens aufgezogen und an einer Festbleimontage angeboten. Sie unterscheiden sich somit auch in ihrer Präsentationsform grundlegend von allen anderen Naturködern.

Wallerprofis unterscheiden Boilies von Pellets. Während es sich bei Boilies stets um gekochte Proteinkugeln handelt, werden Pellets gepresst, enthalten mehr Öl und zerfallen im Wasser wesentlich rascher als Boilies. Viele Angler kochen ihre Boilies selbst und

Boilies sind sehr gute Wallerköder, wenn zuvor über einige Tage mit ihnen angefüttert wurde.
© Cezary Felix Rybczynski

experimentieren dabei mit verschiedenen Aromen. Im Fachhandel gibt es so viele geeignete Boilies und Pellets, dass Einsteiger gut beraten sind, sie dort zu kaufen. Sie sind auch hervorragend dazu geeignet, eine Angelstelle über mehrere Tage anzufüttern und den Waller so an den Futterplatz zu gewöhnen.

### DER ADILETTEN-WALLER

Er hieß Lehmann, trug zum knallroten T-Shirt einen hellblauen Trainingsanzug mit weißen Streifen und Schlappen, von denen ich seinerzeit noch nicht wusste, dass man sie einmal Adiletten nennen würde. In diesem Aufzug fing er an einem heißen Juninachmittag beim Schleppangeln mit Köderfisch am System einen Waller der 20-Pfundklasse. Was mich als 14-jährigen Buben damals sehr verstörte und beinahe fassungslos machte, war der Umstand, dass er zu diesem Unterfangen in einem gelben und aus Kunststoff gefertigten Ruderboot auf den Illmensee hinausgefahren war. Wie konnte man einem mystischen und von Geheimnissen umwobenen Wesen so wenig Respekt entgegenbringen? Waidmännisches Grün und ein Holzboot waren für mein Verständnis das Mindeste an Vorbereitung für das Wallerangeln. Ich hatte in diesem Sommer 1979 völlig übersehen, dass nur noch eine Handvoll Angler von den schönen hölzernen Booten aus fischte, die man früher in den Werften von Meersburg und Überlingen baute und die mit großen Fischkästen ausgestattet waren, in denen man meterlange Hechte und armdicke Aale problemlos hältern konnte. Schweren Herzens musste ich erkennen, dass das Welsangeln auch im Bodenseeraum in der Moderne des 20. Jahrhunderts angekommen war und der in den 1950er-Jahren von Lothar Schiel am Federsee gedrehte Film *In der Heimat des Welse* längst schon niemanden mehr interessierte. Aber es sollte noch schlimmer kommen: Zu Beginn des neuen Jahrtausends war der Wels zu einem Modefisch geworden und wurde von weitaus Unberufeneren gefangen als von Männern in Trainingsanzügen und Adiletten.

## GESPONNENE WALLER

Obgleich die meisten Petrijünger dem Waller noch immer auf traditionelle Art und Weise mit Naturködern und den entsprechenden Angelmethoden nachstellen, befischen ihn heute immer mehr Angler mit der Spinnrute. Dies liegt vor allem daran, dass ihr Zielfisch seit der Jahrtausendwende zu einem „Modefisch“ geworden ist, den vor allem jüngere Leute aktiv bzw. sportlich beangeln möchten. Den energiegeladenen Menschen fehlt oft die Geduld, stunden- oder gar tagelang in einem Campingstuhl oder Zelt auf den Waller zu warten. Stattdessen möchten sie ihn aktiv mit der Spinnrute suchen.

War das gezielte Spinnfischen auf große Raubfische früher aufgrund schwerer und auch sehr kostspieliger Ausrüstung ein Hobby weniger und sehr enthusiastischer Angler, so stellt der Fachhandel heute Ruten, Rollen, Schnüre, Wirbel und vor allem Kunstköder bereit, die speziell auf die Bedürfnisse der Welsangler abgestimmt sind.

Das Spinnfischen ist kein Modetrend, der irgendwann vorübergeht, sondern eine äußerst effektive Form der Fischwaid. Seine Attraktivität lässt sich siebenfach begründen:

1. Mit der Spinnrute kann man in relativ kurzer Zeit eine große Wasserfläche ab-

Spinnfischen zählt zu den attraktivsten Formen des Angelns und ist heute besonders bei jungen Anglern sehr beliebt. © Markus Bötefür

suchen. Man lernt neue Reviere schnell kennen und vertrödelt an unergiebigen Stellen nicht viel Zeit.

2. Sie sind nicht auf den momentanen Appetit des Wallers angewiesen, denn Kunstköder reizen den Jagd- und Aggressionstrieb von Raubfischen und bringen auch solche Fische an den Haken, die am selben Angeltag wahrscheinlich nicht auf einen natürlichen Köder gebissen hätten.
3. Angeln mit Spinnködern ist waidgerechter als das Fischen mit Naturködern, weil die Gefahr des Verangelns (also des tiefen Schluckens von Köder und Haken) sehr gering ist.
4. Spinnfischer erleben die Bisse des Wallers unmittelbar. Ihr Sport ist somit bedeutend „actionreicher“ als das Ansitzangeln.
5. Das Angeln mit Kunstködern ist im wahrsten Sinne des Wortes Sportfischen, denn mit der Spinnrute läuft man mitunter viele Kilometer und tut so auch etwas für seine Gesundheit.
6. Das Spinnangeln erfordert nur wenig Vorbereitung. Während andere Angler sich erst Köder besorgen müssen, können Spinnfischer sofort mit ihrem Hobby beginnen. Ein Ausflug zum Spinnfischen ist also immer und auch spontan möglich.
7. Auch das Ausprobieren, Testen und mitunter auch eigenhändige Bauen immer neuer Kunstköder ist eine äußerst reizvolle Facette des Spinnfischens.

## Wobbler

Aus der schier unüberschaubaren Zahl unterschiedlicher Kunstköder stechen Wobbler als diejenigen hervor, die sich am besten für das Angeln auf Waller eignen, weil sie alle Sinnesorgane ansprechen, also auch bei Dunkelheit sehr gut funktionieren. Natürlich werden in jeder Saison auch viele Fische auf Blinker, Spinner, Weichplastikködern und anderen Kunstködertypen gefangen, doch sind diese, will man von Blinkern absehen, weitaus weniger geeignet.

Für Einsteiger ist die Anschaffung der richtigen Wobbler nicht leicht, denn beim Kauf keines anderen Kunstköders können sie mehr Fehler begehen. In den Regalen der Fachgeschäfte und in den Online-Shops wartet eine unüberschaubare Flut unterschiedlicher Modelle in unzähligen Farben, Formen und Designs auf Kundschaft. Es gibt längliche und schlanke Modelle in ein-, zwei- und mehrteiliger Ausführung, gedrungene und beinahe kugelrunde, solche, die kunterbunt sind, und andere, die wie ein natürliches Fischchen, eine Maus oder ein Frosch ausschauen. Alle diese unterschiedlichen Typen gibt es als schwimmende und sinkende Modelle und jeder von ihnen ist für eine bestimmte Angelsituation an einem ganz bestimmten Gewässer und für den Einsatz zu einer bestimmten Jahreszeit gemacht.

Möchte man die für das Spinnfischen auf Waller passenden Wobbler finden, so

Wobbler sind die wohl besten Köder für das Spinnfischen auf Waller. © Markus Bötefür

scheiden alle kleinen Modelle von vornherein aus. Ein guter „Wallerwobbler" sollte nämlich mindestens zehn und höchstens 25 Zentimeter lang sein. Das Mindestmaß ist nötig, um einen Futterfisch realistisch zu imitieren, die Maximalgröße ist dem Umstand geschuldet, dass sich viel größere (wenngleich für den Waller sehr attraktive) Wobbler nur sehr schlecht werfen lassen.

## FÜNF WOBBLER-FAKTEN

1. Wobbler gibt es als schwimmende und sinkende Modelle.
2. Es gibt ein-, zwei- und mehrteilige Modelle, diese werden als Gliederwobbler bezeichnet.
3. Jeder Wobbler (auch ein „schaufelloses" Modell) hat eine Tauchschaufel, die bestimmt, wie tief er taucht bzw. läuft. Abgesehen von den vielen unterschiedlichen Wobblervarianten gibt es grundsätzlich nur flachlaufende (Flachläufer) und tieflaufende (Tiefläufer).
4. Wobbler reizen Raubfische nicht allein aufgrund ihrer Optik, sondern auch wegen der von ihnen ausgehenden Schwingungen, die von Raubfischen (Hechten, Zandern und Barschen) mittels ihrer Seitenlinie wahrgenommen werden, vom Waller aber auch mit seinen anderen empfindlichen Sinnesorganen, wie etwa den Barteln.
5. Die unterschiedlichen Wobbler bedürfen einer jeweils speziellen Führung. Das Spinnfischen mit diesem Ködertyp ist also etwas komplizierter zu erlernen als etwa das Einkurbeln eines Spinners. Wobbeln ist jedoch kein Buch mit sieben Siegeln, denn die Tauchschaufeln übernehmen beim Einholen den Lauf des Köders und erledigen so die eigentliche „Arbeit" der Verführung und des Reizes von Raubfischen.

Aus der Vielzahl von Wobblern den passenden für das Wallerangeln zu finden, ist nicht immer leicht.
© Markus Bötefür

Weiß man, wann und wo man auf welche Fischart angeln möchte, ist die Wahl des passenden Wobblers eigentlich sehr einfach. Möchte man beispielsweise in einem stehenden, trüben und flachen See an einem Sommerabend fischen, so ist ein zehn Zentimeter langer, kugelförmiger Wobbler in auffälliger Färbung (durchaus rot oder gelb) mit kurzer und breiter Tauchschaufel ein wunderbarer Sinnköder. Denn er macht im Dämmerlicht sowohl optisch als auch akustisch auf sich aufmerksam und läuft auch wie gewünscht in Oberflächennähe. Seine rundliche Form ist im stehenden Wasser Ideal, da man hier nicht mit störenden Strömungen rechnen muss, die einen voluminösen Wobbler erfassen und aus seiner gewünschten Bahn treiben würden.

Möchte man hingegen an einem strahlend schönen Sommermittag in einem klaren Fluss fischen, greift man zu einem schlanken Wobbler mit schmaler Tauchschaufel, dessen Design sich an dem eines echten Fischchens (z. B. eines Rotauges) orientiert. Bedingt durch das rasch fließende Wasser

Der Husky Jerk von Rapala ist ein guter Suspender.
© Markus Bötefür

Wurf zunächst mittels raschen Einholens auf Tiefe bringen und erst danach mit der gemächlichen Führung beginnen. Sie sind nicht nur im herbstlich kühlen Wasser gute Wobbler, sondern bringen auch im Frühjahr und Sommer (vor allem tagsüber) Bisse in tieferen Wasserschichten. Suspender gelten als besonders fängig, weil sie länger im Gesichtsfeld des Wallers verweilen, ohne dabei geführt bzw. eingeholt werden zu müssen.

## Gliederwobbler

Einige Wobblermodelle bestehen aus zwei oder mehr Teilen. Diese sogenannten Gliederwobbler sind in der wärmeren Jahreszeit bedingt durch ihre lebhafte Aktion sehr fängig, bergen aber in Gewässern mit Großwallern die Gefahr, beim Biss zerstört zu werden, da die Verbindungsstellen der Glieder Schwachpunkte darstellen können.

Klassische Gliederwobbler © Markus Bötefür

Bei Wobblern aus den Werkstätten namhafter Hersteller (*Nils Master*, *Rapala* u. a.) gilt dies natürlich nicht.

## Blinker

Neben Wobblern zählen auch Blinker zu den beliebten und erfolgversprechenden Spinnködern. Sie bedürfen jedoch einer weitaus akurateren Führung und sind deshalb für Einsteiger nur bedingt zu empfehlen. Wer jedoch damit schon Hechte oder Barsche gefangen hat, wird sie schnell als gute Wallerköder zu schätzen lernen.

Blinker sind in ihren Grundfarben silbern, golden oder kupferfarben. Diese drei Farbtypen genügen gewöhnlich, um für alle Lichtverhältnisse und Wassertrübungen stets den richtigen Köder bei der Hand zu haben. Silberne Blinker werden in stark getrübtem oder im klaren Wasser sowie bei bedecktem Himmel eingesetzt, goldene und kupferfarbene verwendet man bei schönem Wetter und bei klarem Wasser. Für Spinnköder gilt die alte Faustregel:

*Helle Farben bei schlechtem Wetter, gedeckte Farben bei Sonnenschein.*

Beim gezielten Blinkern auf Waller ist diese alte (ursprünglich für das Hechtangeln aufgestellte) Regel jedoch nicht unbedingt zu befolgen, denn die Augen unseres Zielfisches sind nicht so scharf wie die anderer Raubfische. Der Wels nimmt eher die Schwingungen als das optische Erscheinungsbild eines Blinkers wahr. Deswegen spielt die Form des Bleches eine wichtige Rolle. Am besten eignen sich klassische Löffelblinker wie der seit einem guten Jahrhundert auf dem Markt befindliche *EFFZETT*, den es nach Ablauf des Markenschutzes zwischenzeitlich unter dem Namen *FZ* von vielen Herstellern gibt. Benannt ist der

Der EFFZETT ist ein sehr guter Waller-Blinker.
© Markus Bötefür

*EFFZETT-Blinker* nach seinem Erfinder Fritz Ziegenspeck, der zugleich Inhaber der Angelgerätefirma *DAM* (*Deutsche Angelgeräte Manufaktur*) in Berlin war. Um nicht an billige Ware aus Fernost zu geraten, greift man am besten zum Original von *DAM* oder kauft die ebenfalls qualitativ sehr hochwertigen und in allen Größen bzw. Gewichtsklassen jeweils etwas leichtere Variante des Herstellers *Balzer*, die unter dem Namen *HB-Blinker* zu haben ist. Diese Modelle sind aufgrund ihres etwas dünneren Bleches in flachen Seen, Entwässerungsgräben und toten Flussarmen ganz hervorragende Spinnköder zum Fang von Wallern. Ihre etwas schwereren Vettern aus dem Hause *DAM* sind in tieferem Wasser jedoch die bessere Wahl.

FZ-Blinker sind – wie bereits ihre Form erahnen lässt – für das Fischen in stehenden und sehr langsam fließenden Gewässern gemacht. Es gibt sie in Gewichtsklassen zwischen sechs und 60 Gramm, wobei für das Wallerfischen Modelle zwischen 20 und 40 Gramm in Frage kommen.

Blinker bedürfen einer möglichst langsamen Führung, denn sie sollen ein angeschlagenes Fischchen imitieren. Gemächlicher Führungsstil bedeutet, dass die Wahl des passenden Blinkers im richtigen Verhältnis zur Tiefe des zu befischenden Gewässers stehen muss. Leichte Blinker in Gewichtsklassen um etwa 20 Gramm kommen daher nur in (stehenden und langsam fließenden) Gewässern mit maximalen Tiefen von 2,5 bis 3,5 Metern in Betracht, während Modelle von 30, 40 oder sogar 60 Gramm für sehr tiefes Wasser (Talsperren) gedacht sind.

Seit den 1990er-Jahren gibt es auch speziell für das Wallerangeln gebaute FZ-Modelle mit zwei Blechen. Diese Blinker sollen die empfindlichen Sinnesorgane der Fische intensiver ansprechen. Sie haben sich aber nie als bedeutend fängiger erwiesen.

Nach dem Auftreffen auf die Wasseroberfläche lässt man den Blinker (bei geschlossenem Bügel der Stationärrolle bzw. ausgeschaltetem Rücklauf der Multirolle) zunächst absinken und beginnt dann mit dem langsamen Einholen. Die eigentliche Führung des Köders beginnt, sobald man ihm während des Einkurbelns durch leichte Bewegungen der Rutenspitze (Heben und Senken) flatternde Bewegungen verleiht. Dabei ist es wichtig, sich stets vor Augen zu halten, dass er ein

Obwohl ihnen fast nirgends eine Schonzeit gewährt wird, sollte man im Mai und Juni gefangene Waller stets zurücksetzen. © Markus Bötefür

krankes oder angeschlagenes Fischchen vortäuschen soll, das nur noch in Flatterbahnen zu schwimmen vermag. Gelegentliche kurze Einholpausen (nicht länger als eine Sekunde) erhöhen die Fängigkeit eines Löffelblinkers erheblich. Auf den letzten Metern des Wurfes ist es dann erfolgversprechend, den Blinker durch schnelleres Einkurbeln zu beschleunigen, denn so reizt man einen unentschlossenen Verfolger (Nachläufer) mitunter dazu, den Blinker zu attackieren.

Beim Blinkern auf Waller ist das wiederholte Werfen des Köders auf immer dieselbe Stelle recht erfolgversprechend. Dabei sollte der Blinker mit einem deutlich hörbaren Klatschen auf die Wasseroberfläche auftreffen. Dies darf durchaus zehn Mal hintereinander geschehen.

## AUSRÜSTUNG FÜRS SPINNFISCHEN AUF WALLER

### Rute

Spinnruten mit einer Länge von 2,5 bis 3 Metern und einem Wurfgewicht von 80 bis 100 Gramm sind zum ermüdungsfreien Fischen genau richtig. Im Fachhandel werden auch bedeutend kräftigere Wallerspinnruten angeboten, doch sind solche Stöcke für das gezielte Angeln auf Großwaller konzipiert.

### Rolle

Ob eine Stationär- oder Multirolle zum Einsatz kommt, ist eine Frage der persönlichen Vorlieben.

Die meisten europäischen Spinnfischer verwenden Stationärrollen in den Größen 4.000 bis 5.000.

Bei beiden Rollentypen sind ein starkes Getriebe, ein hohes Schnurfassungsvermögen sowie eine hervorragend arbeitende Bremse wichtige Qualitätsmerkmale.

### Schnur

Für das Spinnfischen kommen nur geflochtene Hochleistungsschnüre (am besten 25er) in Frage.

### Köder

Wobbler und Blinker. Viele Spinnfischer verwenden auch Gummifische, doch sollten diese aus giftigen und die Umwelt belastenden Kunststoffen gefertigten Köder aus jeder Gerätebox verbannt werden.

### Kleinzeug

Dass Wirbel, Karabiner und Vorfächer zum Fang von Großfischen von allerbester Qualität sein müssen, versteht sich von selbst. Als Vorfächer eignen sich Hardmono- oder Kevlarspinnvorfächer, die man am besten selbst bindet. Da Waller von mehr als 1,2 Metern nicht mehr in Unterfangkescher passen, sollte ein dicker Lederhandschuh für einen Wallergriff mitgeführt werden.

### NICHT ALLES AUS EINER HAND

Angler – und vor allem Wallerangler – sollten es unter allen Umständen vermeiden, ihre komplette Ausrüstung aus dem Sortiment nur eines Herstellers zu kaufen. Auf dem Angelgerätemarkt ist es nämlich so, dass Hersteller A sehr gute Ruten baut, seine Rollen jedoch recht wenig oder gar nichts taugen, was im Sortiment des Produzenten B genau umgekehrt ist, er für seine hervorragenden Rollen aber leider keine guten Schnüre im Angebot hat, weshalb der Kunde zur Bespulung seiner Rolle aus dem Hause des

Herstellers B, die wunderbar zur Rute von Hersteller A passt, dann Schnur aus dem Sortiment des Importeurs C kaufen muss. Um eine qualitativ zufriedenstellende Ausrüstung zu komplettieren, kauft er sodann die Wirbel und Karabiner aus der Produktion von Hersteller D, greift zu Vorfächern vom Hersteller E und montiert schließlich einen Haken oder Spinnköder des Produzenten F. Um mit der perfekten Grundausrüstung den ersten Wurf machen zu können, muss ein Petrijünger also im Extremfall Produkte von sechs Herstellern kaufen. Da vor allem Einsteiger damit recht schnell überfordert sein können, sollten sie ihre Waller-Grundausrüstung auf keinen Fall bei Onlinehändlern kaufen, sondern in einem Fachgeschäft, wo sie entsprechend gut beraten werden.

## IM SCHATTEN DER PAPPELN

Schon Anfang Februar, lange bevor die ersten Aale zu laufen begannen und sich auf die mit Tauwürmern beköderten Haken stürzen sollten, hatte der kauzige Mann aus Ostpreußen drei Pappeln an den Eingängen eines Verbindungskanals gefällt und die mächtigen Bäume kurzerhand ins Wasser fallen lassen. Nach dieser Aktion war er für drei Wochen unauffindbar und kehrte erst im März zurück, um vor ihren Ästen Aalreusen aufzustellen. In einer dieser Fischfallen sah ich im Frühjahr 1984 zum ersten Mal einen Waller aus einem Gewässer des Niederrheins. Wahrscheinlich war er mit dem Rheinhochwasser in die Seen der Bislicher Insel gespült worden. Der Winzling maß etwa 50 Zentimeter, wurde aber trotz seiner geringen Größe entnommen.

Der kluge Fischer hatte den Bauern einen Pachtvertrag für den kurzen Durchstich zwischen dem mehrere Kilometer langen Xantener Altrheinarm und den Baggerseen auf der Bislicher Insel, dem heutigen Vogelschutzgebiet am unteren Niederrhein, abgeschwätzt und kontrollierte mit seinen Reusen den Zug der Zander und Aale, die sich jede Nacht von den tieferen Seen aus auf den Weg in den flachen und von Weißfischen wimmelnden toten Rheinarm begaben, wo sie sich in den Seerosenfeldern an den Rotaugen, Rotfedern und Brassen gütlich taten. Als sich im Laufe der folgenden Jahre immer wieder Welse in die aufgestellten Reusen verirrten, wusste ich, dass es sich bei ihnen um nächtliche Wanderer handelt, die tagsüber dort rasten, wo sie Deckung finden. Ob ihre Ruheplätze unter den Ästen der gefällten Pappeln aber stets dieselben waren, konnte ich nicht herausfinden, da jeder gefangene Waller in der Küche verschwand.

# JAGDGRÜNDE DES WALLERS

Jahrhundertelang galt der Waller als ein Räuber der Nacht, dem nachgesagt wurde, sich tagsüber dort aufzuhalten, wo kein Mensch ihn erreichen konnte – und wohl auch nicht erreichen wollte. Max von dem Borne beschrieb das Zuhause des Wallers 1894 zwar recht sachlich, vermochte aber dennoch, in seinen knappen Zeilen all das unterzubringen, was die Faszination und den Schauder dieser Fischart für seine Zeitgenossen ausmachte:

In schwer zugänglichen Seen fühlen sich Waller besonders wohl. © Markus Bötefür

*Welsstechen bei Gewitter* heißt dieses Bild eines unbekannten Künstlers aus den 1890er-Jahren.
© Gemeinfrei

*Der Wels lebt in größeren Flüssen und Seen in der Bleiregion, im mittleren und östlichen Europa. Er wird 1 bis 4 Meter lang und bis 400 Pfund schwer. Er lebt einsam am Grunde hinter versunkenem Holze oder hohlen Ufern, ist vorzugsweise bei Nacht in Bewegung und kommt nur bei Gewittern und in der Laichzeit an die Oberfläche. Er ist ein arger Raubfisch und frißt Fische, Wasservögel und andere, auch größere Tiere.*[35]

Andere Autoren des 19. Jahrhunderts schlugen in dieselbe Kerbe, denn über einen Fisch, den man nur selten zu Gesicht bekam, ließ sich trefflich spekulieren. 1846 bescheinigte ihm der Baron von Ehrenkreutz:

*Er wächst langsam, schwimmt langsam und ruht meist im Schlamme oder unter Wasserpflanzen, wo er auf Raub lauert, den er sehr listig anzulocken und zu fangen weiß. An Ausflüssen der Bäche legt er sich in möglichster Tiefe auf die Lauer. Er steckt gewöhnlich hinter versunkenen Baumstämmen, Balken, oder Fischerkähnen und lauert auf Raub. Bei schwüler Witterung und des Nachts kommt er aus der Tiefe herauf und wird dann mit Harpunen und Lanzen erlegt.*[36]

Die Ansicht, der Waller würde sich nur in seiner Laichzeit und bei gewitterschwüler Luft im flachen Wasser bzw. unter der Wasseroberfläche zeigen, hielt sich sehr hartnäckig und wurde in beinahe jedem Zeitschriftenartikel, fast allen Naturkunden sowie erst recht in Angelbüchern kolportiert. Noch in den 1980er-Jahren heißt es unter der Überschrift *Jagdreviere und Beißzeiten* im *Sonderheft Wels* der Zeitschrift *Blinker* (damals Europas größtes Sportfischermagazin):

[35] Max von dem Borne: Teichwirtschaft, Berlin 1894, S. 90.

[36] Hermann von Ehrenkreutz: Das Ganze der Angelfischerei, Quedlinburg und Leipzig, 1847, S. 174 f.

*Einen festen Platz, an dem der Fisch steht, kann man, wenn er einmal auf der Jagd ist, nicht angeben. Er kann in der Nähe einer Krautbank lauern, und er kann in der Nähe der Strömung hinter einem Versteck auf die sich aus dem Schwarm lösenden Fische warten. Er kann einfach überall sein, auch dort, wo seine Beute und wir ihn nicht erwarten.*[37]

Lange mussten sich Einsteiger in den Angelsport mit solchen Gemeinplätzen zufriedengeben, denn auch Vielschreiber wie Alexander Harsányi, von dem die zitierte Binsenweisheit stammt, wussten über die Standplätze und Aufenthaltsorte des Wallers in fließenden und stehenden Gewässern nichts Arttypisches zu berichten. Trotzdem ergänzte er seinen fischkundlichen Offenbarungseid um folgenden „Tipp“:

*Etwas aber kann man empfehlen: man sollte genau beobachten, wo sich die Kleinfische rühren, wo sie nach Insekten aufsteigen bzw. vor dem kleinen Barsch nach allen Seiten auseinanderschießen, so daß manche an die Wasseroberfläche springen. Diese Geräusche locken nämlich den aufmerksamen und gut hörenden Wels. Sie verraten ihm, wo er suchen soll, und sie verraten auch uns, wo wir suchen und ihm nachstellen sollen.*[38]

Heute glauben Wallerangler zwar mehr über die Standplätze ihres Zielfisches zu wissen, doch übersehen viele dabei, dass sie die Fische nur mit Hilfe von Echolotgeräten, die im Fachhandel unter dem entlarvenden Namen *Fischfinder* vertrieben werden, aufspüren können.

Ob man bei seiner Suche nach dem Waller auf moderne Technik setzt oder lieber seinen eigenen Sinnen vertrauen möchte, ist eine Frage des persönlichen Geschmacks. Man muss jedoch kein erfahrener Angler sein, um zu wissen, dass man seinen Zielfisch je nach Gewässer unterschiedlich zu beangeln hat, denn der Waller passt sein Verhalten der jeweiligen Umgebung an und sucht in Flüssen ganz andere Unterstände auf als in Seen oder Kanälen.

## WALLERREVIERE IN SEEN

Naturseen, Teiche, Stauseen, Talsperren, Baggerlöcher und Staustufen sind zwar alle stehende Gewässer, doch unterscheiden sie sich als Lebensräume für den Wels erheblich voneinander. An größeren und sehr großen Seen sind Bootsangler gegenüber Uferanglern klar im Vorteil. Trotzdem müssen Uferangler nicht aufstecken, denn an stehenden Gewässern finden auch sie zahlreiche Waller-Hotspots.

### Torfstiche

Sogenannte Torfstiche sind oft sehr gute Wallergewässer. In ihnen ist es nicht schwer, die Fische zu finden, denn diese von Menschenhand geschaffenen Seen haben in der Regel eine geringe Wassertiefe, die selten mehr als zwei Meter beträgt. Torfstiche sind aufgrund der in ihrem Wasser gebundenen Schwebstoffe sehr trüb. Nicht selten wurden sie zur Zeit ihrer Entstehung (im Mittel-

[37] Blinker Sonderheft Wels, Hamburg, ohne Jahr, S.99.

[38] Blinker Sonderheft Wels, Hamburg, ohne Jahr, S. 99.

An großen Gewässern sollte man Waller mit der Spinnrute suchen. © Markus Bötefür

Torfstiche sind erstklassige Wallerseen.
© Markus Bötefür

alter und in der frühen Neuzeit) als Karpfenteiche genutzt. Typisch für diese künstlichen Seen sind durchgängige Schilfgürtel, große Seerosenfelder und eine üppige Unterwasservegetation. Waller finden hier ideale Lebens- und Fortpflanzungsbedingungen. Torfstiche sind leicht zu beangeln. Die besten Stellen für einen nächtlichen Ansitz findet man in der Nähe der Seerosenfelder und in der Nähe der Schilfufer. Komplizierte Montagen zur unterschiedlichen Befischung des Grundbereiches, des Mittelwassers und des oberflächennahen Wassers sind hier nicht nötig. Spinnfischer sollten zu Kugelwobblern mit eingebauten Rasselkugeln greifen, denn diese Radauschläger senden Schwingungen aus, die der Waller mittels seines Seitenlinienorgans wahrnimmt. Sind diese Rasselwobbler dazu noch poppig-bunt, erhöht ihr Design die Chancen auf einen Biss erheblich.

## Stauseen

Viele Stauseen und Talsperren sind von mächtigen und weit ins tiefe Wasser reichenden Steilufern eingefasst. Diese oft felsigen Bereiche sind sehr interessant, denn tagsüber stehen Raubfische gern im Uferschatten, wo sie Jagd auf Kleinfische machen. Für die Wallerangelei an Steilufern ist daher ufernahes Angeln das oberste Gebot. Sowohl vom Ufer (Rutschgefahr!) als auch vom Boot aus sind dicht an den Steilufern angebotene Naturköder (Würmer, Köderfische, Fischfetzen) oder vertikal führbare Spinnköder (Twister und Gummifische) eine gute Wahl.

**Bei Einbruch der Dämmerung beginnt die beste Angelzeit.** © Markus Bötefür

## Sandbänke

Flache Sandbänke in Natur- und Baggerseen sind in den Frühjahrs- und Sommermonaten gute Plätze zum Spinnfischen mit Wobblern. Mit Einbruch der Dunkelheit finden sich dort neben Wallern auch Zander ein und machen Jagd auf Kleinfische. Wo sich Sandbänke bis ans Ufer ziehen und einen Strand bilden, kann es sich für vom Ufer angelnde Spinnfischer lohnen, in eine Wathose zu steigen und die Schnittstellen zu befischen, an denen die Bänke in tiefere Wasserbereiche übergehen.

Sandbänke sind Reviere für den Abend.
© Markus Bötefür

## Bachmündungen (Einläufe)

Im Sommer tragen die Bäche kühles und sauerstoffreiches Wasser sowie zusätzliches Futter in die Seen ein und sorgen so dafür, dass die Fische stets aktiv und in Fresslaune sind. Vor allem nach Regenfällen, wenn trübes und mit Würmern und Insekten angereichertes Wasser in den See eingetragen wird, lohnt sich dort ein längeres Verweilen, denn wo Futter für Kleinfische eingespült wird, ist auch der Waller meist nicht weit.

Auch kleine Gewässer sind oft gute Wallerreviere.
© Markus Bötefür

## Schilfufer

Breite Schilfgürtel sind die Kinderstuben der Fische, was ihre Ränder daher in den Frühjahrs- und Sommermonaten zu besonderen Anziehungspunkten für Raubfische macht. Während diese Abschnitte tagsüber von Hechten und Barschen belauert werden, sind sie nach Sonnenuntergang sehr gute Wallerreviere. Wo man am Tage große Schwärme von Jungfischen im Flachwasser ausmacht, lohnt sich ein abendlicher bzw. nächtlicher Besuch mit der Spinnrute. Oberflächenwobbler und Kuggelwobbler sind dann oft sehr gute Köder.

### Seerosenfelder

Seerosen bieten Fischen ein schützendes Dach und reichlich Nahrung. Leider sind See- und Teichrosenfelder im Sommer aber nur an ihren Rändern zu beangeln. Am Rande eines Seerosenfeldes lohnt sich ein Walleransitz oft schon tagsüber, denn man fischt quasi vor der Haustüre des Welses.

### Steganlagen

Welse zieht es oft in Bootshäfen, wo sie sich unter den Stegen und verankerten Booten einstellen, um auf Beutefische zu lauern. Vor allem die Morgen- und Abendstunden, wenn in den Yachthäfen wenig Betrieb herrscht, sind für Spinn- und Ansitzangler die besten Zeiten.

Schilfufer sind abendliche Anlaufstellen für Welse.
© Markus Bötefür

Seerosenfelder zählen zu den beliebtesten Einstellplätzen des Wallers. © Stefan Waltermann

Yachthäfen zählen zu den Top-Revieren.
© Markus Bötefür

## HOTSPOTS FÜR BOOTSANGLER

Wer vom Boot aus fischen kann, für den erschließen sich sehr interessante Reviere, die manchmal mit bloßem Auge auszumachen sind, oft aber auch unter der Wasseroberfläche versteckt liegen und sich mittels eines Echolotes oder einer Tiefenkarte finden lassen.

### Inseln

Als markante Punkte in der Gewässerlandschaft sind Inseln nicht nur von außen gut sichtbare Ansteuerungspunkte für Wallerangler. Überall dort, wo sie sich aus recht tiefem Wasser erheben, findet man Kanten und Bruchstellen, an denen sich die ihren

Futterfischen folgenden Waller gern einstellen. Besonders Schleppfischern ist zu empfehlen, die eine oder andere Extrarunde um Inseln zu drehen und dabei durchaus die Schlepptiefe zu variieren.

Bootsangler sind gegenüber Uferanglern im Vorteil.
© Tilo Andreas

Nächtliche Beute beim Bootsangeln © Max Konze

An großen Strömen können Waller auch sehr gut vom Ufer aus befischt werden. © Max Konze

Inseln, deren Ufer sich flach erstrecken und weit in das Gewässer ausdehnen, sind in den Stunden der Dämmerung und in der Nacht gute Stellen zum Spinnfischen mit aggressiv laufenden Wobblern.

## Barschberge

Barschberge sind Unterwassererhebungen in stehenden Gewässern, die mitunter bis dicht unter die Wasseroberfläche reichen und ähnlich wie Hügel in der Landschaft die Grundstruktur eines Sees prägen. Hat man es mit steilen und schlanken Barschbergen zu tun, so kommen sie am ehesten einem Steilufer gleich, sind sie flach und ausschweifend, ähneln sie den Uferzonen eines Flachlandsees.

War die geographische Lage solcher Hotspots früher ein streng gehütetes Geheimnis erfahrener und ortsansässiger Angler, so ist es heute mittels eines Echolotes nicht allzu schwer, sie zu finden.

Tilo Andreas mit einem vom Boot angeklopften Waller
© Tilo Andreas

### Scharkanten

Die Bereiche eines Gewässers, wo flache Abschnitte abrupt in tiefe übergehen, werden Scharkanten genannt. Für Bootsangler sind sie mittels eines Echolotes leicht ausfindig zu machen. In besonders klaren Seen können auch Uferangler diese Übergänge ausmachen, denn hier verändert sich die Oberflächenfärbung des Gewässers mitunter von Hell in Dunkel. Nach Sonnenuntergang werden diese Schnittstellen von Wallern aufgesucht und sind deshalb sowohl für Spinnfischer und Ansitzangler als auch für Wallerholzklopfer sehr interessant.

## WELSABSCHNITTE IN FLÜSSEN

An begradigten Flussläufen können Angler bei ihren ersten Besuchen ebenso ratlos stehen wie an den Ufern großer Seen oder an den monotonen Geraden von Kanälen und Schifffahrtswegen. Mit offenen Augen findet man aber auch hier wallerträchtige Plätze.

### Buhnenfelder

In allen Flüssen sind Buhnenfelder Top-Anlaufstellen für Ansitzangler und Spinnfischer. Nach Einbruch der Dunkelheit werden sie nicht nur von Wallern, sondern auch von Zandern aufgesucht. Beide Raubfischarten

Große Ströme sind exzellente Reviere. © Markus Bötefür

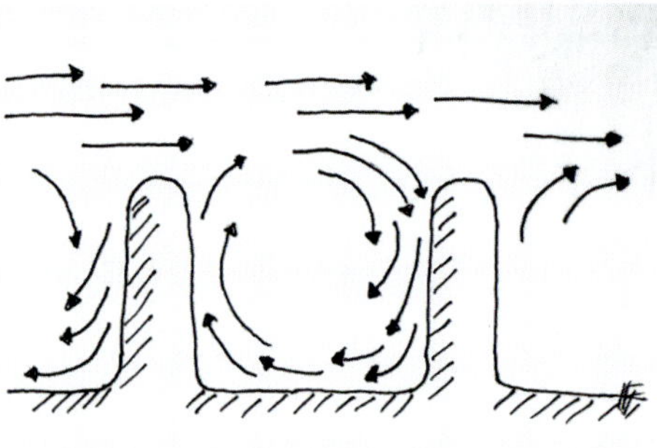

Die Strömungsverhältnisse an einem Buhnenfeld
© Markus Bötefür

Dieser Waller wurde in einem Torfstich erbeutet.
© Max Konze

lassen sich dann mit Wobblern und Gummifischen hervorragend beangeln. Leider sind nicht alle Buhnen gute Angelplätze. Die unterschiedliche Qualität beruht in der Anlage eines Buhnenfeldes: Buhnenstege haben die Funktion, das Wasser eines Flusses in Richtung Strommitte zu leiten, damit Schiffe dort stets tiefes Wasser vorfinden. Buhnenstege erhöhen also sowohl den Pegelstand als auch die Fließgeschwindigkeit, was zur Folge hat, dass Angler an ihren Spitzen, den sogenannten Buhnenköpfen, auf starke und oft kreiselnde Strömungsverhältnisse treffen. Im eigentlichen Buhnenfeld fließt das Wasser hingegen deutlich langsamer, was dazu führt, dass sich dort auch entsprechend viel vom Fluss mitgeführtes Sediment (zumeist Sand und Kies) absetzt, sodass sich in vielen Buhnen Sand- und Kiesbänke bilden. Wer sicher sein möchte, dass eine Buhne tief genug für den Einstand eines Wallers ist, der sollte seine Aktivitäten auf die ersten zwei (höchstens drei) Felder in einer Reihe von Buhnen konzentrieren, denn in ihnen findet man die tiefsten und somit auch fischreichsten Stellen.

## Wehre

Wehre gehören zu den besten Angelstellen in Flüssen. Sowohl ober- als auch unterhalb ihrer Stauwerke finden sich immer wieder große Mengen an Fischen ein, denn dort konzentriert sich ein hohes Futteraufkommen. Der hohe Sauerstoffgehalt des Wassers unterhalb der Wehranlagen macht diese Flussabschnitte besonders im Sommer zu wahren Hotspots für das Angeln auf Wels. Je nach Öffnung eines Wehres herrschen dort andere Strömungsverhältnisse und Kehrströmungen. Auch lagern sich am Gewässergrund viele Äste und leider auch Zivilisationsmüll ab, sodass die Hängergefahr an Wehren recht hoch ist. Spinnfischer sollten dies bei der Wahl ihrer Blinker und Wobbler berücksichtigen.

## Häfen

Yacht- und Industriehäfen sind gute Angelplätze in der Nachbarschaft großer und schiffbarer Ströme, denn in ihren tiefen Becken herrscht so gut wie keine Strömung, sodass der Waller dort bequeme Einstände und reichlich Futterfische findet. Die vor Anker liegenden Schiffe bieten den Raubfischen (neben Wallern auch Zandern und Aalen) zusätzliche Deckung. Mit Einbruch der Dunkelheit sind vor allem die Ein- und Ausfahrten der Hafenbecken sehr aussichtsreiche Angelplätze, denn an den Schnittstellen von Fluss und Hafen gehen Raubfische sehr gern auf die Pirsch.

**Häfen sind nicht gerade romantische, doch gute Angelreviere.** © Markus Bötefür

**Brücken sind stets einen Versuch wert.** © Markus Bötefür

### Brücken

Brücken spenden Schatten und zählen damit zu den bevorzugten Einstellplätzen für lichtscheue Raubfische wie den Wels. Besonders an hellen und langen Sommertagen, sowie bei sehr klarem Wasser sind Flussübergänge immer einen Versuch wert. Der Verkehrslärm scheint die Fische nicht im Geringsten zu stören.

## WALLERSUCHE AM KANAL

Wer zum ersten Mal am Kanalufer steht, weiß angesichts der schnurgeraden Monotonie oft nicht, wo er seinen ersten Wurf machen soll. Bei genauerer Betrachtung sind Schifffahrtswege aber keineswegs schwer befischbar. Wie an Flüssen, so sind Brücken auch an Kanälen bevorzugte Einstände des Wallers.

**Kanäle zählen zu den guten, jedoch oft unterschätzten Wallerrevieren.** © Markus Bötefür

### Wendebecken

Die mitunter sehr großen Wendebecken unterscheiden sich nicht nur aufgrund ihrer halbrunden Form von den geraden

**Oft nehmen Waller ihre Einstände unter länger nicht bewegten Booten.** © Markus Bötefür

Einfassungen des Kanalbettes, sondern auch wegen ihrer Grundstrukturen. Die kräftigen Schiffsschrauben sorgen in diesen Becken dafür, dass sich tiefe Löcher und Ausspülungen bilden, die tagsüber Welsen als Einstellplätze dienen.

## Schleusen

Leider dürfen Schleusenanlagen oft nicht überall betreten werden. Es lohnt sich jedoch, unmittelbar ober- und unterhalb dieser Kanalabschnitte zu fischen, denn die erheblichen Wasserbewegungen während des Schleusenbetriebs wirbeln Futter für Kleinfische vom Grund auf und machen sie somit zu einem Anziehungspunkt für Waller.

Schleusen sind gute Angelstellen an Flüssen und Kanälen. © Markus Bötefür

# DER LEGENDÄRE WALLERGRIFF

Geht es um den Waller, so neigen Angler von je her zu haarsträubenden Übertreibungen. Nirgendwoher anders als am Illmensee konnte ich – als Kind begeistert, als Erwachsener amüsiert – dramatischere Geschichten über diesen Raubfisch hören als dort. Von stundenlangen Drills, in denen Welse die Boote kreuz und quer über

den nächtlichen See zogen, um letztendlich doch nur die stärkste Schnur zu sprengen und einen erschöpften sowie enttäuschten Petrijünger zurückzulassen.

Meine Erfahrungen mit den legendären Illmensee-Wallern waren von ganz anderer und weitaus weniger dramatischer Art, denn sämtliche Exemplare, die ich auf Würmer, Köderfische oder gar Wobbler fing, gaben sich recht schnell geschlagen, passten allesamt bequem in meinen Unterfangkescher und bei keiner Ausfahrt wurde mein Boot von einem schwäbischen Nessie in Schlepp genommen. Beim Wallerangeln gilt trotzdem die alte Devise:

*Unterfangkescher sind oft zu klein und nie zu groß.*

Erfahrene Wallerangler verzichten oft auf einen Unterfangkescher, stattdessen heben sie die Fische mittels des sogenannten Wallergriffs aus dem Wasser. Blättert man in älterer Angelliteratur, so stößt man auf mancherlei widersprüchliche Informationen zu dieser Art der Handlandung. So heißt es in dem Büchlein *So fängt man Waller* etwas umständlich:

*Der Wallergriff wird folgendermaßen ausgeführt: Dem müde ausgedrillten Fisch greift man in einem günstigen Augenblick mit dem Daumen der rechten Hand in den Rachen, drückt den Daumen nach unten und faßt mit den übrigen vier Fingern von unten außen kräftig nach, so dass praktisch der Unterkiefer des Fisches in einem harten Griff festgehalten wird. Den Augenblick der Überraschung nützend, wird der Waller sodann mit einem energischen Ruck an Land befördert oder in das Boot gezogen. Ich glaube, es bedarf keiner besonderen Phantasie, um sich die Schwierigkeiten einer Landung mit dem Wallergriff bei einem 50-Kilofisch vorzustellen.*[39]

Als Alfred Niedereder diese Zeilen Anfang der 1960er-Jahre zu Papier brachte, waren 50-Kilo-Waller beinahe unfangbare Phantome, sodass es wahrlich sehr viel Fantasie bedurfte, sich die geschilderte Landung vorzustellen.

In der Tat bleibt es oft nicht ungestraft, einem Waller ins Maul zu greifen, denn hat man sich vor dem Griff nicht über den Sitz des Hakens oder gar des Drillingshakens im Wallermaul versichert, kann der händische Landeversuch rasch lebensgefähr-

Dicke Handschuhe schützen beim Wallergriff die Finger. © Tilo Andreas

[39] Alfred Niedereder: So fängt man Waller (Welse), Hamburg und Berlin, 1967, S. 29 f.

lich werden. Mitunter können ausgedrillte und völlig erschöpft wirkende Fische bei Berührung neue und ungeahnte Kräfte mobilisieren, die so enorm sind, dass es gar nicht auszudenken wäre, welche Wirkung sie auf einen Angler hätten, dessen Finger sich einen Haken mit einem tobenden und abtauchenden Waller teilen. „Erst-Wallergreifer“ sollten daher keinesfalls mit bloßen Händen zu Werke gehen, denn es besteht auch ohne Kontakt mit dem Angelhaken die Gefahr, sich blutige Finger an den rauen Zahnreihen der Fische zu holen. Am besten eignen sich Arbeitshandschuhe aus dem Baumarkt, die dick genug sind, um die Hände zu schützen, die Bewegungen der Finger aber nicht behindern.

Bevor man einem ausgedrillten (oder scheinbar ausgedrillten) Wels ins Maul fasst, sollte man seine Landungsreife überprüfen. Dies geschieht am besten, indem man ihm leicht auf den Kopf klopft. Schreckt der Fisch dabei nicht auf, so kann er per Wallergriff aus dem Wasser gehoben werden. Ist der Haken in sicherer Entfernung für die (auch behandschuhten) Finger, wird der Daumen in die Innenseite des Unterkiefers geführt, während die übrigen vier Finger die Außenseite fest umschließen. Hat man den Unterkiefer so im Griff, kann man den Wels ans Ufer ziehen oder ins Boot heben. Passt der Fisch jedoch in einen Unterfangkescher, so sollte man dieser Landungsform den unbedingten Vorzug geben.

# ZU TISCH AM BODENSEE – DER WALLER IN DER KÜCHE

Mein erster nennenswerter Waller maß 90 Zentimeter und landete rund sechs Stunden nach seinem Fang im Restaurant Seehof in Illmensee, also im selben Lokal, in dem 32 Jahre zuvor die Filets jenes 53-Pfünders verspeist wurden, welcher zum Urknall meiner lebenslangen Wallerfaszination werden sollte. Die Portionen meines Fisches reichten für vier Personen, waren von einer köstlichen Orangenschaumsauce bedeckt und stellten meine erste kulinarische Begegnung mit dem Waller dar. Während des Essens drehte sich das Gespräch natürlich ums Angeln und zwangsläufig kamen wir an diesem Septemberabend des Jahres 1995 wieder auf die Riesenwaller des

© iStock.com/ForsterForest

Illmensees zu sprechen. Meine drei Angelfreunde und ich erinnerten uns aber auch daran, dass im Bodenseeraum schon ganz andere Brocken gefangen und aufgetischt worden waren, so beispielsweise jener, über den die Konstanzer Chronik für das Jahr 1299 Folgendes berichtete:

*Am 1. Juli, ward ein unbekannter Visch im Mündlingsee [Mindelsee] bei Meckingen gefangen, der war also groß, daß hielandt kein großer Visch nie gesehen ist worden. Herr Hans von Bodmann schickt den Kopf von demselben Visch Herrn Rudolfen von Höven, Thumdechan zu Constenz. Uss demselben Kopf wurden gemacht 46 Stück, gar groß, daß allweg zwei Stück genug in eine Schüssel war. Über das Haupt lud er alle Chorherren, von Münster, zu St. Steffen und St. Johannes und andere Priester. Deren Zahl 34 war. Und wurden sechs Schüsseln mit Visch in die Stadt verschenkt.*[40]

Wie bei allen mittelalterlichen Quellen sollte man es mit dem Wahrheitsgehalt dieses Chronikeintrages nicht zu genau nehmen. Dass der Konstanzer Waller mit spätmittelalterlichen Geräten zur Binnenfischerei nicht zu landen war, steht ohnehin völlig außer Frage. Historiker sind mitunter jedoch gut beraten, beim Studium älterer Literatur „um die Ecke“ zu denken. Es besteht nämlich die weitaus größere Wahrscheinlichkeit, dass ein solcher Riesenfisch im flachen Wasser tot

[40] Hier zitiert nach Lothar Schiel: Zweizentner-Welse in unseren Gewässer?, in Bernd Kuleisa (Hg.): Wels, Hamburg, ohne Jahr, unpaginiert (S. 4)

Waller bis zu 1,3 Metern sind in der Küche noch willkommen. © Markus Bötefür

angetrieben, geborgen und dem Fischmarkt zugeführt worden sein könnte. Vor allem in der Laichzeit, die in die Monate Juni und Juli fällt, also beim „Fang" am 1. Juli 1299 auf ihrem Höhepunkt gewesen sein dürfte, ist dies durchaus möglich. Dass der Mindelsee kapitale Waller beherbergt, ist mit dem 180-Pfünder des Jahres 1938 belegt.

Will man von solchen historischen Fleischbergen absehen, so stellen Waller bereits ab einer Größe von mehr als einem Meter für Köche und die Gaumen ihrer Gäste eine Herausforderung dar. Für die in den germanischen Provinzen ansässigen Römer war, glaubt man den Beschreibungen antiker Schriftsteller, der Waller keine besondere Delikatesse, wurde aber zu einer wichtigen Grundlage für das in ihrer Küche wichtigste Würzmittel Garum (auch Liquamen genannt). Diese für unseren modernen Geschmack eher abscheuliche, denn köstliche Würzsauce wurde aus ganzen Fischen (samt ihrer Eingeweide) hergestellt, indem man sie in eine starke Salzlake einlegte und mitunter monatelang in offenen Behältnissen der Sonne aussetzte. Die stinkende Masse wurde anschließend gefiltert, in Amphoren abgefüllt und bei Tisch zu salzigen und süßen Speisen verzehrt. Bis weit in die Spätantike durfte Garum bei keiner römischen Mahlzeit fehlen.

Auch aus dem Mittelalter sind keine Zeugnisse über den kulinarischen Wert des Wallers überliefert, sodass es scheint, dass ein größerer Waller vor der Erfindung elektrischer oder gasbetriebener Brat- bzw. Backöfen bei Küchenchefs alles andere als willkommen war. In dem 1832 erschienenen Band *Der Fische zweiter Theil* aus der Reihe *Unterhaltungen aus der Naturgeschichte* des deutschen Naturforschers Gottlieb Tobias Wilhelm heißt es über den kulinarischen Wert:

*Sein Fleisch, besonders das am Schwanze, wird von vielen schmackhaft gefunden. Er ist weiß, fett, süßlich, aber schwer zu verdauen. Man genießt es auf verschiedene Art, gekocht, gebraten, mariniert. Bei den Juden ist es eine unreine, oder verbotene Speise, weil der Wels keine Schuppen hat.*[41]

Feinschmecker, die sich auf den schwer verdaulichen Spagat des Welsfleischgenusses nicht einlassen wollten, lernten in demselben Abschnitt die anderen, exotischen und pharmazeutischen Verwendungsmöglichkeiten für einen gefangenen Großwaller kennen:

---

[41] Gottlieb Tobias Wilhelm: Unterhaltungen aus der Naturgeschichte, Zweyter Theil, Wien 1832, S. 181.

Riesenwaller stellten Köche vor das Problem der Portionierung. © Max Konze

*Aus seiner Haut und Blase wird Leim verfertigt. Die Durchsichtigkeit der ersteren macht, daß sie die Tartaren als Fensterscheiben gebrauchen, und ihre Dichtigkeit empfiehlt sie zum Verbinden der mit Weingeist gefüllten Flaschen. Mit der Welsleber vertreibt man Warzen.*[42]

Noch knapper brachte es der österreichische Wallerkenner August Hawlitschek 1890 in *Albert Hugo's Jagdzeitung* auf den Punkt:

*Das Fleisch junger 2 bis 3 Kg schwerer Welse ist sehr schmackhaft, von den älteren ist es grob, fett und thranig und wird nur mariniert gegessen. Haut und Blase geben einen guten Leim.*[43]

Zu Beginn des 19. Jahrhunderts gab es aber auch Autoren, die größere Welse in der Küche willkommen hießen. In seinem Buch *Versuch einer Lebenserhaltungskunde* schrieb der Mediziner und Hochschullehrer Georg August Bertele 1803:

[42] Ebenda, S. 181 f.

[43] Albert Hugos Jagdzeitung, Bd. 33, 1890, S. 146.

*Der Wels (Waller, Schaidfisch) (Silurus Glaris), der größte Süßwasserfisch, der oft einige Zentner schwer wird, und ein überaus zartes, sehr fettes und wohlschmeckendes Fleisch hat, gehört des vielen Fettes und eines häufigen, galertigen Saftes wegen unter die nährhaftesten, aber auch volles Verdauungsvermögen erforderlichen Speisen.*[44]

Und in *Brehms Thierleben* heißt es 1872 zusammenfassend über den wirtschaftlichen und kulinarischen Wert von Wallerfleisch:

*Ungeachtet des nicht sonderlich geschätzten Fleisches, welches, so lange der Fisch jung, sehr fett, wenn er alt, zähe und thranig ist, wird dem Welse doch nachgestellt, weil das Fleisch als Speck oder bei der Lederbereitung Anwendung findet und die Schwimmblase als schlechte Hausenblase in den Handel gebracht oder zu Leim verarbeitet wird. Für das Kilogramm Welsfleisch bezahlt man in Preußen und Pommern dreißig bis achtzig, in Sachsen achtzig bis hundert, in Bayern einhundertundzwanzig bis einhundertundachtzig Pfennige.*[45]

Modernen Walleranglern käme es wohl nicht mehr in den Sinn, ihre kapitalen Traumfische zu töten und der Küche zuzuführen. Denn neben der Waidgerechtigkeit sprechen auch andere Gründe gegen das Erlegen großer Welse. Mindestens ebenso wichtig ist nämlich die Beachtung gesundheitlicher Risiken, die sich im Fleisch großer und somit alter Fische verbergen. Im Fleisch und besonders im Fett von Welsen (dies gilt natürlich auch für andere Fischarten) sammeln sich im Laufe der Jahre zahlreiche

Ab einer gewissen Größe sollten Welse zurückgesetzt werden. © Cezary Rybczynski

Giftstoffe an, die man mit dem Verzehr zwangsläufig zu sich nimmt. Das moderne *Catch & Release*, also der sportliche Fang der Welse mit dem Ziel, die Fische nach der Landung augenblicklich zurück in ihr nasses Element zu entlassen, ist somit nicht nur für sie, sondern auch für ihre Fänger eine lebensverlängernde Maßnahme.

Kleinere Waller hingegen sind hervorragende Speisefische. In der Küche und auf dem Grill sind die Verwendungsmöglichkeiten für kleinere ganze Waller oder Koteletts bzw. Filets von ihnen mannigfaltig. Bevor man die Fische ausnimmt und wäscht, ist es hilfreich, sie mittels Salz von ihrem Schleim zu befreien. Dazu überschüttet man sie mit Salz und zieht den im Salz gebundenen Schleim anschließend vom Fischkörper.

[44] Georg August Bertele: Versuch einer Lebenshaltungskunde, Landshut, 1803, S. 293.
[45] Alfred Brehm: Brehms Thierleben, Volks- und Schulausgabe, Bd. 3, Hildburghausen 1872, S. 308.

### EIN FETTFISCH FÜR ERNÄHRUNGSBEWUSSTE

In der Fischküche unterscheidet man Fett- und Magerfische. Der Waller zählt (wie Lachs und Hering) zu den Fettfischen. Bei Fettfischen hat das Muskelfleisch einen durchschnittlichen Fettgehalt von 10 bis 25 Prozent. Dabei darf man sich aber vom Begriff Fett nicht irreführen lassen, denn Fischfett ist im Gegensatz zum Fett von Schweinen oder Rindern sehr gesund. Besonders die mehrfach ungesättigten Omega-3-Fettsäuren der Fische haben eine gesundheitsfördernde Wirkung. Omega-3 ist nicht nur für das menschliche Hirn wichtig, sondern schützt auch unsere Augen sowie das Herz-Kreislauf-System. Daneben ist es ein Cholesterinsenker und Entzündungshemmer. Wie unterschiedlich hoch der Fettgehalt im Fischfleisch ausfallen kann, verdeutlicht der Vergleich zwischen Zander und Wels. Während man in 100 Gramm Zanderfleisch nur 0,73 Gramm Fett findet, schlagen in derselben Menge Wels 11,3 Gramm zu Buche. Laut Angaben der Grazer Online-Plattform *nahgenuss.at* haben 100 Gramm Welsfilet einen Brennwert von 162 Kilokalorien, während im Vergleich dazu ein Schweineschnitzel 241 Kilokalorien aufweist und ein Rindersteak 270. Welsfleisch ist somit auch eine leichte Speise und darf auch während einer Abnehmdiät auf den Tisch.

## KLASSISCHE UND EXOTISCHE REZEPTE

Im *Kochbuch der bürgerlichen und feineren Kochkunst* von Frederike Fellner aus dem Jahre 1863 findet man für den Waller folgende Vorbemerkung:

*Das Fleisch der Waller, besonders der kleineren, ist sehr weiß, wohlschmeckend und blätterig und eignet sich sowohl zum Blausieden als auch zum Braten.*[46]

Die erfahrene Hausfrau empfiehlt ihren Leserinnen zwei völlig unterschiedliche Zubereitungsarten:

### *WALLER BLAU ABGEKOCHT*

*Der ausgenommene und ausgewaschene Waller wird gut gesalzen und in einen passenden Kessel gelegt; dann werden 3 Theile Wasser und 1 Theil Wein und Essig daruber gegossen, einige Zwiebelschnize, Sellerie, gelbe Rüben und Petersilie, nebst dem ganzen Gewürz dazu gegeben, worauf er bis zum Kochen zum Feuer gestellt wird. Nun richtet man ihn auf einer Platte an, garnirt ihn mit Salzkurtoffeln und gibt ihn mit einer holländischen Sauce zu Tische.*[47]

[46] Frederike Fellner: Kochbuch der bürgerlichen und feineren Kochkunst, o. Ort, 1863, S. 271.

[47] Frederike Fellner: Kochbuch der bürgerlichen und feineren Kochkunst, o. Ort, 1863, S. 271.

## WALLER IM OFEN GEBRATEN

*Nachdem der Waller gereinigt, ausgenommen und ausgewaschen ist, werden auf beiden Seiten Einschnitte gemacht und wird der Waller dann eingesalzen; hierauf wird eine kräftige Kräutermarinade gekocht und in einem passenden Geschirr über den Waller nebst einem Schoppen Wein durchs Haarsieb gegossen, worauf er wieder gut zugedeckt in einem Bratofen langsam gebraten wird. Dann richtet man ihn auf einer Platte an und garnirt ihn mit Salzkartoffeln.*

*Mit der Sauce wird, nachdem sie entfettet ist, ein Kochlöffel voll Mehl mit etwas Sardellenbutter und 1/2 Schoppen saurem Rahm aufgekocht, dann solche durch ein Haarsieb passirt und recht heiß, mit Citronensaft gewürzt, mit dem Fische zu Tische gegeben.*[48]

## WALLER IN WURZELSUD

Der in Wurzelsud gekochte Waller ist ein Klassiker der bayrischen und niederösterreichischen Küche. Das eigentlich von Mönchen erfundene Rezept hat sich in den vergangenen Jahrhunderten zu einem herbstlichen Gericht für kleinere ganze Waller oder Filets bzw. Koteletts von größeren Exemplaren gemausert. Schon im *Wiener Kochbuch* von Louise Seleskowitz, das 1879 erstmals erschien und über 40 Auflagen erlebte, findet sich folgende knappe Anweisung:

*Der Waller wird ausgenommen, gut ausgewaschen, gesalzen und einige Stunden liegen gelassen. Hierauf wird der Fisch in ein Geschirr gelegt, etwas Wurzelwerk, Wein, ganzer Pfeffer und soviel Wasser daraufgegeben, dass es über dem Fisch zusammengeht. Man stellt den Waller aufs Feuer und lässt ihn aufkochen, dann nimmt man denselben heraus und serviert ihn mit Sauce à la hollandaise.*[49]

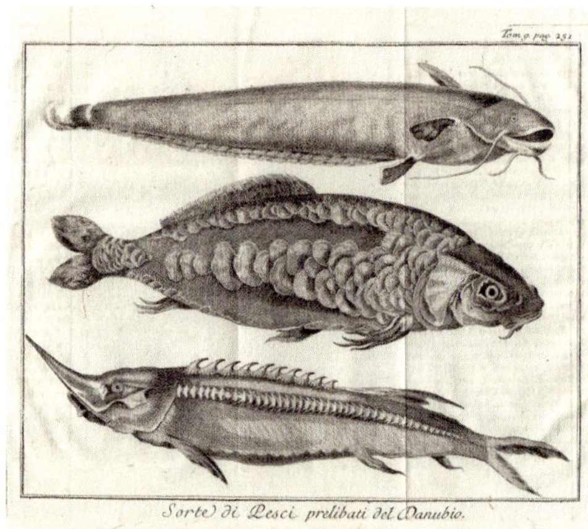


*Köstlichkeiten aus der Donau* heißt dieser Kupferstich aus dem Jahre 1737. Neben Wallern zählten auch Spiegelkarpfen und Störe dazu. © Gemeinfrei

[48] Frederike Fellner: Kochbuch der bürgerlichen und feineren Kochkunst, o. Ort, 1863, S. 272.
[49] Louise Seleskowitz: Wiener Kochbuch, Wien 1880, S. 242.

## WER ES MODERNER UND GENAUER NACHKOCHEN MÖCHTE, GEHT WIE FOLGT VOR

### Zutaten

1 Kilo Wallerfilets
350 Gramm Wurzelgemüse
(Karotten, gelbe Rüben, Petersilwurzeln)
2 Lorbeerblätter
2 Knoblauchzehen
Petersilie
Zitronensaft
ganze Pfefferkörner (schwarz oder weiß)
1 Teelöffel Thymian
Butter
Essig oder Weißwein
1 Prise Majoran
Salz und gemahlener Pfeffer
(wahlweise weiß oder schwarz)

### Zubereitung

Die Wallerstücke salzen, pfeffern und mit Zitronensaft beträufeln. Knoblauch schälen und in Scheiben schneiden. Petersilie hacken. Beides mit etwas geschmolzener Butter vermengen und über die Fischstücke geben. Danach etwa 30 Minuten ruhen lassen. Die Filets anschließend in Butter anbraten, herausnehmen und beiseite stellen. Eine Hälfte des Wurzelgemüses in Würfel schneiden und zusammen mit der Zwiebel leicht anrösten. Mit etwa einem Viertelliter Wasser und einem Schuss Weißwein oder Essig aufgießen. Lorbeerblätter, Thymian, Pfefferkörner sowie etwas Salz dazugeben. Die Wallerstücke in den Sud legen und bei geringer Hitze dünsten. Das übrige Wurzelgemüse in Streifen schneiden, in Butter leicht anschwitzen, mit dem Sud bedecken und knackig garen.

Auf diesem Bild des Malers Vokos Nikolaos aus dem Jahre 1880 steht ein kleiner Wels ebenbürtig neben Delikatessen aus dem Meer. © Gemeinfrei

## WALLER IN MALZBIERSAUCE

Dieses recht einfache Rezept stammt ursprünglich vom Niederrhein und wurde Ende des 19. Jahrhunderts von Aalfischern aufgeschrieben. Mit dem Rückgang der Aalbestände wurde es in den vergangenen Jahren zu einem modernen Klassiker für Wallerkoteletts.

### Zutaten

**etwa 1 Kilogramm Wallerkoteletts**
**0,5 Liter Malzbier**
**1 Scheibe Weißbrot**
**1 Esslöffel Essig**
**etwas Zitronensaft**
**Mehl (oder Mondamin)**
**Zucker, Salz und Pfeffer (weiß, gemahlen)**

### Zubereitung

Die Haut der Wallerkoteletts einschneiden, salzen, mit einigen Tropfen Zitronensaft säuern und danach etwa 45 Minuten ruhen lassen. Das Bier mit einem Teelöffel Salz, einer guten Prise Pfeffer sowie einer Scheibe zerbröseltem Weißbrot bei leichter Hitze zum Köcheln bringen. Den Sud mit Zucker und Essig abschmecken und etwas reduzieren lassen. Anschließend die Wallerstücke hineingeben und knapp eine Viertelstunde ziehen lassen. Nach dem Garen die Fischstücke entfernen und den Sud mit etwas Mehl oder Mondamin zu einer Sauce binden. Dazu schmecken Salzkartoffeln und ein schönes Altbier.

## WALLER MIT SAUERKRAUT

Diese auf den ersten Blick etwas merkwürdig anmutende Kombination ist ein sehr leckeres Gericht für den Spätsommer und Herbst.

### Zutaten

**1 kleiner Waller (etwa 3 Kilogramm)**
**1 Apfel**
**500 Gramm Sauerkraut**
**100 Gramm gewürfelter magerer Speck**
**40 Gramm Butter**
**1 Zwiebel**
**1 Lorbeerblatt**
**10 Wacholderbeeren**
**1 Esslöffel Essig**
**1 Teelöffel Zucker**
**Mehl, Salz und Pfeffer**

### Zubereitung

Den Waller ausnehmen und gut waschen. Von innen und außen salzen und pfeffern sowie in Mehl wenden. Die Butter auf einem Bratblech schmelzen und den ganzen Fisch bei 180 Grad Celsius für eine knappe Stunde in den Backofen geben. Den Speck in einem Bräter auslassen, die Zwiebel hinzugeben und anschließend das Sauerkraut zusammen mit dem gewürfelten Apfel, dem Lorbeerblatt und den Wacholderbeeren beifügen. Einen halben Liter Wasser aufgießen. Mit Essig, Salz, Pfeffer und Zucker würzen und eine halbe Stunde bei geschlossenem Deckel weichkochen lassen. Eventuell mit Zucker und Essig nachwürzen. Serviert wird das Gericht mit Salzkartoffeln. Ein fruchtiger Weißwein passt gut zum Fisch mit Apfelsauerkraut.

## WALLER IN KONDENSMILCHSAUCE

Ein einfaches Rezept, das nur auf den ersten Blick nach einer Notlösung aussieht.

### Zutaten

**500 Gramm Wallerfilets**
**1 Dose Milch (Kaffeemilch)**
**125 Milliliter trockener Weißwein**
**100 Gramm gewürfelte Zwiebel (wer mag, kann durchaus auch mehr Zwiebeln verwenden)**
**Sonnenblumenöl**
**100 Gramm geräucherter Speck in kleinen Würfeln**
**Butter, Salz und weißer Pfeffer**

### Zubereitung

Die Filets in kleine Stücke schneiden, mit Salz und Pfeffer würzen und zusammen mit den Speck- und Zwiebelwürfeln in Butter (mit ein paar Tropfen Sonnenblumenöl) goldgelb braten. Die fertigen Fischstücke in der Pfanne mit Weißwein ablöschen und anschließend mit einem kräftigen Schuss Kondensmilch zu einer Sauce aufköcheln lassen. Je nach Geschmack, kann man die Sauce auch mit Mehl oder Mondamin andicken.

Dazu passen ein paar Stücke Baguette und derselbe Weißwein, den man auch zur Herstellung der Sauce verwendet hat.

Der Däne Emil Carlsen malte um 1900 einen kleinen Wels als bescheidene Köstlichkeit.


## WALLER NACH ART DER NACHTANGLER

Dieses aus dem Bodenseeraum stammende Rezept für Waller (Weller) erhielt seinen eigenartigen Namen, weil es für alle drei Zielfische der Nachtangler gleichermaßen geeignet ist. Die einfache Rezeptur passt nämlich für Aal, Trüsche (Aalquappe) und seinen Namensgeber.

### Zutaten

**etwa 750 Gramm Filets vom Waller**
**750 Gramm Pellkartoffeln**
**300 Milliliter Milch**
**300 Milliliter süße Sahne**
**1 Bund Schnittlauch**
**1 gehäufter Esslöffel Paniermehl**
**Mehl, Salz und weißer Pfeffer**

### Zubereitung

Die Wallerfilets in Portionsgröße schneiden, mit Salz und Pfeffer würzen, in Mehl sowie Paniermehl wenden und in Butter goldbraun braten.

Milch und süße Sahne bei leichter Hitze zum Kochen bringen, mit Salz und Pfeffer abschmecken. Die in Scheiben geschnittenen Pellkartoffeln in die Flüssigkeit geben und den kleingeschnittenen Schnittlauch untermengen. Zu diesem herbstlichen Gericht passt ein würziges Bier oder ein trockener Weißwein.

## WALLER VOM GRILL

Die meisten Waller werden in den Sommermonaten gefangen und können daher (bislang leider viel zu selten) auch auf Grillpartys oder am Lagerfeuer in kulinarische Köstlichkeiten verwandelt werden.

Das feste und fette Fleisch kleiner Waller eignet sich vorzüglich für eines der einfachsten Grillrezepte überhaupt. Es stammt aus dem Donaudelta und soll dort zu den bevorzugten Mittagsspeisen der Berufsfischer zählen. Geschmacksträger sind hier weder Öl noch Gewürze, sondern das Fett des Fisches.

### Zutaten

**1 kleiner Waller (etwa 80 Zentimeter)**
**Sonnenblumenöl**
**Salz und schwarzer Pfeffer**

### Zubereitung

Den gut abgewaschenen Waller trocken tupfen und mit Öl bepinseln. (Der Waller darf dabei auf keinen Fall abgezogen bzw. gehäutet werden, sonst geht das schmackhafte Fett verloren.) Auf dem Rost des Grills bei mittlerer Hitze so lange garen, bis das Fleisch zart und weich ist. Erst nach dem Grillen mit Salz und Pfeffer würzen. Zu diesem kräftigen Gericht schmecken Folienkartoffeln am besten. Als Getränke kommen alle hellen Biersorten in Frage.

Nach einem erfolgreichen Angeltag schmeckt der Waller besonders gut. © Markus Bötefür

## WALLER AM SPIESS

Diese Schaschlikvariante eignet sich nicht allein für Waller, sondern auch für alle fest fleischigen Fischarten (Aal, Quappe usw.). Sie kann an Schneidertagen, aber auch sehr gut aus gekaufter „Beute" (Tintenfisch, Thunfisch etc.) hergestellt werden.

### Zutaten

**500 Gramm gewürfeltes Fischfleisch**
**(je nach Geschmack mit oder ohne Haut)**
**500 Gramm gewürfelte Zucchini**
**(mit Schale)**
**200 Gramm Bauchspeck**
**1 großer Paprika**
**10 Cocktailtomaten**
**Saft einer Zitrone**
**Salz, Pfeffer sowie Alufolie**

### Zubereitung

Die in zwei bis drei Zentimeter geschnittenen Fischstückchen mit den ebenso großen Bauchspeckwürfeln, Paprika- und Zucchinihappen sowie den Cocktailtomaten auf einen Grillspieß stecken. Diese Kombination mit Zitronensaft beträufeln sowie salzen und pfeffern. Von beiden Seiten etwa fünf Minuten grillen. Es ist unbedingt darauf zu achten, dass man die Spieße nicht zu starker Hitze aussetzt. Wer auf Nummer sicher gehen will, kann sein Fischschaschlik auch auf einer geölten Alufolie statt auf dem blanken Rost grillen. Weißbrot und ein frischer Feldsalat harmonieren vorzüglich mit diesem sommerlichen und würzigen Essen. Je nach Vorliebe passt ein trockener Weißer, ein fruchtiger Rosé oder ein Pilsener Bier.

## GEGRILLTE WALLERKOTELETTS MIT SOJASAUCE

Das für Mekongwelse erdachte Rezept eignet sich auch sehr gut für unsere heimischen Waller und alle anderen festfleischigen Süßwasserfische (Karpfen, Graskarpfen usw.).

### Zutaten

**Stücke vom Waller mit Haut**
**Zwieback**
**Sojasauce**
**Essig, Salz und weißer Pfeffer**

### Zubereitung

Die gesäuberten Koteletts mit Essig beträufeln und eine Viertelstunde stehen lassen. Anschließend mit Salz und Pfeffer bestreuen sowie innen und außen mit Sojasauce betröpfeln. Die Haut leicht einritzen, mit Butter bestreichen und die Koteletts mit dem zerbröselten Zwieback bestreuen. Je nach Größe von beiden Seiten sechs bis acht Minuten grillen.

Zu diesem einfachen Gericht passt sowohl Weißbrot als auch Klebreis (im Asia-Markt erhältlich). Je nach Geschmack kann dazu ein trockener Weißwein oder ein leichtes Bier getrunken werden.

## WALLER HOLLÄNDISCH

Seit einigen Jahren haben Waller auch niederländische Gewässer, hauptsächlich die Maas, erobert und werden von den einheimischen Anglern nach einem alten, ursprünglich für andere Fischarten ersonnenen Rezept zubereitet.

### Zutaten

**Koteletts oder Filets vom Waller**
**2 Esslöffel fein gehackte Haselnüsse**
**Mehl**
**Saft einer ganzen Zitrone**
**Butter, Salz und Pfeffer**

### Zubereitung

Die Fischstücke salzen, leicht mit Pfeffer bestreuen und mit dem Zitronensaft beträufeln. In einer Mischung aus Mehl und Haselnüssen panieren. Anschließend in Butter goldbraun braten. Dazu serviert man Spargel mit Sauce hollandaise und Kartoffeln oder einen frischen Feldsalat.

## PROVENÇALISCHER WALLER

Ein aromatisches und leichtes Gericht, das sich sowohl als Haupt- wie auch als Vorspeise eignet.

### Zutaten

**etwa 800 Gramm abgezogene Wallerfilets**
**4 Zwiebeln**
**2 Knoblauchzehen**
**5 mittelgroße Tomaten**
**Kräuter der Provençe (getrocknet)**
**Sherry**
**Petersilie**
**Mehl**
**Olivenöl, Salz und Pfeffer**

### Zubereitung

Die Wallerfilets in etwa handtellergroße Stücke portionieren, mit Salz und Pfeffer würzen und zusammen mit den feingehackten Zwiebeln und den ausgepressten Knoblauchzehen in reichlich Öl braten. Die Tomaten mit heißem Wasser übergießen, schälen, in feine Stücke schneiden, die Kräuter der Provençe hinzugeben und mit Salz und Pfeffer würzen. Ein halbes Glas Sherry hinzugeben und für rund 20 Minuten bei milder Hitze köcheln lassen. Die Tomatensauce anschließend mit Mehl oder weißem Saucenbinder anrühren, über die gebratenen Wallerstücke geben und mit feingehackter Petersilie bestreuen. Zu diesem frühlingshaften Gericht passen frisches Weißbrot und ein Glas Weißwein.

## GULASCH VOM WALLER

Das feste Fleisch der Waller eignet sich sehr gut zur Herstellung von Gulasch. Obwohl das Rezept Paprika enthält, stammt es nicht aus Ungarn, sondern aus Serbien.

### Zutaten

**etwa 1,5 Kilogramm enthäutete Wallerfilets**
**2 Paprikaschoten**
**(je nach Geschmack grün, gelb oder rot)**
**1 große Zwiebel**
**1 große Tomate**
**200 Gramm Saure Sahne**
**1 Esslöffel Sonnenblumenöl**
**Fondor (Würzmischung), Salz und Pfeffer**

### Zubereitung

Die Fischfilets würfeln und anschließend mit Salz und Pfeffer würzen. Die Paprika in Streifen schneiden, die Zwiebel würfeln und die Tomate ebenfalls in kleine Stücke schneiden. Gemüse und Zwiebeln mit etwas Fondor würzen und im Öl bei mittlerer Hitze anbraten. Danach den gewürfelten Fisch hinzugeben und rund fünf Minuten garen lassen. Anschließend mit etwa 250 Milliliter Wasser ablöschen und rund zehn Minuten köcheln lassen. Anschließend die Saure Sahne hinzugeben.

Zu diesem Gericht passt Reis. Es kann aber auch mit einer einfachen Scheibe Weißbrot serviert werden.

## MEDAILLONS VOM WELS

Überall dort, wo Waller kein Mindestmaß haben oder wo man als Angler von invasiven Katzenwelsen geplagt wird, müssen kleinere Welse der Küche zugeführt werden. Diese Fische eignen sich wunderbar für Medaillons.

### Zutaten

**1 kleinerer Wels (ohne Kopf und Eingeweide, etwa 1 bis 2 Kilogramm)**
**2 Paprikaschoten**
**(je nach Geschmack grün, gelb oder rot)**
**1 kleine Zwiebel**
**Margarine**
**Butter**
**Zitronensaft**
**Sauce hollandaise**
**(selbstgemacht oder aus dem Glas)**
**trockener Weißwein**
**Mehl, Salz und Pfeffer**

### Zubereitung

Den Fisch von seinen Flossen trennen und in etwa zwei Finger breite Koteletts schneiden, mit Zitronensaft beträufeln und für etwa eine Viertelstunde ruhen lassen. Danach die abgetropften Medaillons mit Salz und Pfeffer würzen, in Mehl wenden und in Margarine goldbraun braten. Das Gemüse in kleine Streifen schneiden, gemeinsam mit der gewürfelten Zwiebel in Butter anbraten und danach etwas Weißwein dazugeben. Die Medaillons mit der Sauce hollandaise übergießen und mit dem Pfannengemüse servieren. Wer es mag, kann die kleinen Medaillons auch auf gerösteten Weißbrotschreiben anrichten. Zu diesem Essen passt derselbe Wein, mit dem man das Gemüse abgelöscht hat.

## WALLERKOTELETTS IN ALUFOLIE

Ganze Waller sind in der Regel zu groß für den Grill. Als Koteletts oder Filets passen sie jedoch sehr gut auf den Rost.

### Zutaten

**Wallerfilets (etwa 200 Gramm pro Person)**
**Butter**
**Dosenmilch (Kaffeemilch)**
**getrocknete Gewürze aus dem Streuer**
**(Petersilie, Rosmarin, Estragon, Liebstöckel und Thymian)**
**Zitronensaft**
**Salz und Pfeffer sowie Alufolie**
**(Die Menge der Gewürze und Zutaten richtet sich nach der Anzahl der Portionen.)**

### Zubereitung

Die Filets mit Zitronensaft beträufeln, salzen und pfeffern. Anschließend mit den übrigen Zutaten je nach Geschmack mehr oder weniger kräftig würzen. Alufolie mit Butter einstreichen und die Filets darin verpacken. Auf dem Grill sind die Pakete in knapp zehn Minuten fertig gegart. Zu diesem recht würzigen Essen passen Weißbrot und trockene Weißweine.

## WALLER RICHTIG SÄUBERN

Fisch zählt zu den am schnellsten verderblichen Lebensmitteln überhaupt, dies gilt auch für das fetthaltige Wallerfleisch. Ganze Fische oder Filets sollten daher unter keinen Umständen leichtfertig aufbewahrt werden. Das Säubern sollte recht bald nach dem Fang geschehen. Da Welse kein Schuppenkleid tragen, entfällt die lästige Arbeit des Entschuppens. Noch vor dem Ausnehmen sollte die dicke Schleimschicht so gut wie möglich entfernt werden. Da am Angelplatz kein dazu geeignetes Salz zur Verfügung steht, wäscht man den Fisch dort nur gründlich mit Wasser ab.

Nach der Reinigung von außen muss er vollständig ausgenommen werden. Dazu sollte man den Bauch mit einer dünnen Messerspitze vorsichtig öffnen und mit der Entnahme der Eingeweide erst dann beginnen, wenn der Bauchraum, vom Waidloch bis zum Kiemenbogen vollständig geöffnet ist. Viele Angler vergessen dabei, die entlang der Wirbelsäule verlaufende, unter einer dünnen Haut befindliche und als schwarzer Streifen erkennbare Niere zu entfernen. Diese sollte aber auf jeden Fall herausgenommen werden, denn ihr bitterer Geschmack beeinträchtigt den Genuss des Fleisches erheblich. Dasselbe gilt für die unterhalb des Waidloches angesiedelten Geschlechtsorgane, die mittels eines kurzen Schnittes Richtung Schwanzflosse sichtbar werden und sich leicht entfernen lassen. Soll ein Fisch ohne Kühlung länger als drei bis vier Stunden aufbewahrt werden, so ist es ratsam, auch die Kiemen zu entfernen. Finnmesser sind gute Werkzeuge zum Aufschneiden und Zerteilen der Fische.

Am Gewässer gelten vier Regeln für den Umgang mit der Beute:

1. Fische unbedingt an schattigen und luftigen Plätzen aufbewahren.
2. Getötete Fische gehören nicht mehr ins Wasser. Auf keinen Fall in Eimern und Keschern haltern.
3. Fisch muss „atmen“. Dies kann er nicht in einer Plastiktüte. In Stofftaschen (Jute oder Baumwolle) kann er sicher transportiert werden und ist dort auch vor Insekten geschützt.
4. Im Sommer ist es zudem wichtig, die Beute rasch auszunehmen und so die Bildung von Gasen im Fischkörper zu unterbinden.

# DAS NIRWANA DES WALLERS

Der Schauplatz eines heimtückischen Verbrechens hätte kaum mehr Schaulustige anziehen können, als der angespülte Kadaver eines knapp 80 Zentimeter langen Wallers, der im Spätsommer 1997 zwischen den Schilfhalmen am deutschen Ufer des Bodensees dümpelte. Der bereits stark aufgedunsene Körper trieb etwa zehn Meter

von den Schaulustigen entfernt und sorgte für allerhand Spekulationen bezüglich seiner Todesursache. „Den hät gewiss ein Motorbootschräuble verwischt", lautete die wahrscheinlichste der vielen Vermutungen, denn wäre der Fisch eines natürlichen Todes gestorben, so hätte kein Mensch je von seiner Existenz und seinem Ableben erfahren.

Auch als Leiche bleibt der Wels ein Heimlichtuer, denn selten bis nie werden tote Exemplare an den Ufern oder auf den Oberflächen unserer Gewässer gefunden. Zwar gilt dies auch für andere Fischarten, doch werden im Vergleich zu verendeten Großhechten nur sehr wenige verstorbene Waller gesichtet. Dies liegt vor allem daran, dass sie sich am Ende ihres Lebens in tiefe Gewässerbereiche zurückziehen und in ihren Verstecken versterben.

Dass die Leichen solch gigantischer Fische nirgendwo auftauchen, zählte lange zu den Geheimnissen der Unterwasserwelt und stellte die Menschen vor das große Rätsel ihres Verbleibs. Natürlich gibt es keine Unterwassermonster, die den Körper eines anderthalb oder zwei Meter langen Fisches verschlucken, doch bedarf es in den Tiefen unserer Seen und Flüsse auch keiner alles verschlingenden Riesen, denn diese „Arbeit" wird in der Hauptsache von mikroskopisch kleinen Organismen erledigt, die eine Wallerleiche je nach Wassertemperatur und Wassertiefe innerhalb von zwei bis drei Wochen vollständig zu zersetzen vermögen.

Doch wie verläuft der Akt des Sterbens und Verschwindens beim größten Süßwasserfisch unserer Breiten überhaupt?

Bereits zu Beginn der 1980er-Jahre ging der Journalist Lothar Schiel der spannenden Frage nach, bekam aber für seine Reportage im Augustheft des Jahres 1982 der Zeitschrift *Blinker* von den damaligen Experten der Universität Freiburg nur unzureichende, weil sich auf das Ableben von kleineren und in Schwärmen lebenden Arten beschränkende Antworten. Über 40 Jahre nach den ersten Nachforschungen über den Tod von Fischen wissen wir heute bedeutend mehr, was in erster Linie daran liegt, dass der Tauchsport zwischenzeitlich zu einem weit verbreiteten Hobby in unseren Seen geworden ist und Tauchsportler aufmerksame Beobachter der Unterwasserwelt sind.

Die oft geäußerte Vermutung, kapitale Waller würden an Altersschwäche versterben, stimmt nur zu einem gewissen Grade, denn stets ist eine gesundheitliche Schädigung ursächlich für den Tod eines Tieres. Bei sehr alten Fischen ist dies zumeist eine Dysfunktion eines oder mehrerer lebenswichtiger Organe, die nicht plötzlich, sondern kontinuierlich verläuft.

Ein todkranker Wels sondert sich zunächst von seinen Artgenossen ab und zieht sich an einen tiefen und sicheren Teil des Gewässers zurück. Findet er dort zudem auch eine Deckung (z. B. einen versunkenen Baum), so wird er diesen Platz wählen. Kurz vor seinem natürlichen Tod frisst der Waller fast nichts mehr. Dies hat zur Folge, dass die Funktion seiner Schwimmblase schon vor dem Ableben des Fisches ausfällt. Durch den Wasserdruck wird die Blase zusammengedrückt und der dann noch lebende Wels sinkt auf den Gewässergrund, wo er in stehenden Gewässern nach Eintritt des Todes auch verbleibt. In Flüssen kann sein Körper zum Spielball der Strömung werden, sodass er bei fortschreitendem Verwesungsprozess durch Abrieb an Steinen und Felsen oder gar in den Turbinen eines Wasserkraftwerks zerstückelt wird.

Nach Eintritt des Todes sind es zunächst größere Aasfresser, die sich an dem noch frischen Wallerfleisch gütlich tun.

Neben Aalen und Grundeln sind dies Flusskrebse und Muscheln sowie in einigen Flüssen auch die aus Fernost stammenden und zur Plage gewordenen Wollhandkrabben, im Wesentlichen also Lebewesen, die ihm zu Lebzeiten als Nahrung gedient haben. Sobald der Verwesungsprozess in ein fortgeschrittenes Stadium tritt, entfernen sich zunächst die Fische, wenig später auch die Krebse und Muscheln vom Welskörper. Die größeren Aasfresser überlassen ihn nun den Insektenlarven sowie einem Heer von Mikroorganismen. Die eigentlichen Verzehrer des verstorbenen Welses sind nur unter einem Elektronenmikroskop sichtbare Bakterien und kommen in schier unvorstellbarer Zahl in einem Gewässer vor. In einem Kubikzentimeter See- oder Flusswasser können bis zu einer Million von ihnen existieren. Bei guter Nahrungsgrundlage vermehren sie sich durch Zellteilung explosionsartig. Mikroben sind die eigentliche Gesundheitspolizei und schützen ein Ökosystem mit ihrer gründlichen Arbeit davor, zu einer tödlichen Kloake für Fische, Krebse, Amphibien, Wasservögel sowie anderer Lebensformen zu werden.

Neben diesen äußeren Verwertern und Zersetzern sind aber auch Mikroben aus dem Inneren des Welses für seine Zersetzung verantwortlich. Denn bei seinem Tode versterben die in seinem Darm befindlichen Mikroorganismen nicht, sondern nutzen den Körper ihres früheren Wirtes als Nahrungsquelle. Im Bauchraum des toten Welses kommt es durch sie zu Gär- und Zersetzungsprozessen, bei denen Gase freigesetzt werden, die bei kleineren Fischen (z. B. Rotaugen) dazu beitragen, einen verwesenden Fisch an die Wasseroberfläche zu treiben, wo der dann bauchoben treibt. In der Regel ist es aber so, dass die während des Zersetzungsprozesses entstehenden Gase sich nur selten im Bauchraum in solch großer Menge ansammeln, dass der tote Fisch an die Oberfläche gedrückt wird. Viel öfter entweichen sie nämlich aus Körperöffnungen oder aus von Krebsscheren oder Fischzähnen verursachten Löchern. Beim Körper eines großen Wallers würde die entstehende Gasmenge ohnehin nicht ausreichen, um ihn vom Grund anzuheben. Trotzdem beschleunigt das Werk seiner eigenen Mikroben den Zersetzungsprozess eines verstorbenen Großfisches. Der einst gewaltige Körper wird binnen weniger Wochen durch das Werk emsiger Zwerge in Nichts aufgelöst.

In seltenen Fällen, in denen ein Wels z. B. aufgrund nicht natürlicher Ursachen verstirbt und sich die in seiner Schwimmblase befindliche Luft gemeinsam mit dem bei der Zersetzung entstehenden Gas zu einer ausreichenden Auftriebsmenge addiert, wird der Leib recht bald durch Wind und Strömung ans Ufer getrieben, wo sich Möwen, Raben, Krähen, Ratten und Füchse an ihm gütlich tun und nur noch sein imposantes Skelett übrig lassen.

# NACHWORT: FISCH DES JAHRES 2026

Das enorme Medienecho auf die im Sommer 2025 abgefeuerten Schüsse am Brombachsee legt die Vermutung nahe, sie könnten mitursächlich für die Wahl des Welses zum Fisch des Jahres 2026 in Deutschland gewesen sein. Anders als in den vergangenen Jahren, als mit dem Aal (2025) und dem Kabeljau (2024) offensichtlich gefährdete Arten erkoren wurden, entschied man sich dieses Mal dafür, auch den Ruf einer Spezies zu schützen. In der Begründung liest man:

© Cezary Felix Rybczynski

*In den Medien wird der Wels häufig als gefährlicher Räuber dargestellt und erregt jedes Jahr aufs Neue großes öffentliches Interesse.*

Weiter heißt es in der gemeinsam von der *Gesellschaft für Ichthyologie*, dem *Deutschen Angelfischerverband* sowie dem *Bundesamt für Naturschutz* verfassten Laudatio:

*Der Wels zeigt exemplarisch, wie anpassungsfähig und ökologisch bedeutsam Fischarten in unseren Gewässern sein können.*

Und im Detail:

*Auch wenn der Wels nach der bundesweiten Roten Liste der Süßwasserfische und Neunaugen als ungefährdet gilt, steht seine Ernennung zum Fisch des Jahres stellvertretend für die Bedeutung artenreicher und intakter Gewässerökosysteme, sowie für eine sachliche Auseinandersetzung mit dieser heimischen Art.*

Obgleich auch österreichische Wallerangler nicht über Fangerfolge klagen können, steht der Wels dort als „gefährdet" auf der Roten Liste und wurde bereits 2018 zum Fisch des Jahres gewählt. Der *Österreichische Fischereiverband*, das *Bundesamt für Wasserwirtschaft* und die *Landesfischereiverbände* entschieden sich für ihn, weil sein natürliches *Eigenaufkommen durch verloren gegangene Laichplätze stark gefährdet* sei. Der Wels ist folglich ein *Symbol für eine veränderte Wasserwelt*. Einerseits seien seine Bestände in Österreich durch Besatz- und Erhaltungsmaßnahmen der Fischerei stabil, andererseits zerstören Flusslaufregulierungen und Wehre vielerorts seine natürlichen Laichgründe.

*Zusätzlich beeinträchtigen,* so heißt es in der Begründung, *steter Badebetrieb und in der Donau der Wellenschlag durch Motor.*

Besteht Grund zur Sorge um den Waller? Eigentlich nicht! Seine Beliebtheit bei Anglern und Tauchern wird auch zukünftig dafür sorgen, dass die Bestände gepflegt und gehegt werden. Da er auch als Speisefisch immer beliebter wird, dient seine Zucht in Mitteleuropa sogar der Schonung bedrohter Meeresfischarten, welche er gemeinsam mit anderen – in modernen Aquakulturen gehaltenen – Süßwasserfischarten künftig auf den Tellern der Restaurants und Privathaushalte zu ersetzen verspricht.

Wenn die Wahl des Wallers zum Fisch des Jahres 2026 auch in der Sorge um die mentale Gesundheit mancher Mitmenschen getroffen wurde, die sich in der von ihnen bedrängten Natur nicht mehr angstfrei bewegen können, so besteht dennoch Hoffnung, denn Fisch macht bekanntlich schlau – dies gilt ganz besonders für das gesunde und wohlschmeckende Fleisch des Wallers.

# DANKSAGUNG

Herzlichen Dank schulde ich folgenden Freunden und Experten, die mich bei diesem Buchprojekt mit mannigfaltiger Hilfe unterstützt haben:

*Cezary Felix Rybczynski, Stefan Waltermann, Max Konze und Tilo Andreas.*